美 好 再 生
——长寿命建筑改造术

[日] 青木茂　著
予舍予筑　译

中国建筑工业出版社

著作权合同登记图字：01—2018—6128号

图书在版编目（CIP）数据

美好再生——长寿命建筑改造术 /（日）青木茂著；予舍予筑译. —北京：中国建筑工业出版社，2018.12
ISBN 978-7-112-22807-2

Ⅰ.①美…　Ⅱ.①青…②予…　Ⅲ.①建筑物—改造　Ⅳ.①TU746.3

中国版本图书馆CIP数据核字（2018）第234489号

CHOU JYUMYOU KENCHIKU NO TSUKURIKATA
ITSUMADEMO UTSUKUSHIKU TSUKAERU RENOVATION
© SHIGERU AOKI 2015
Originally published in Japan in 2015 by X-Knowledge Co., Ltd.
Chinese (in simplified character only) translation rights arranged with X-Knowledge Co., Ltd.

本书由日本株式会社 X-Knowledge 授权我社独家翻译、出版、发行。

责任编辑：刘文昕　李　婧　　责任校对：王　烨

美好再生——长寿命建筑改造术
[日] 青木茂　著
予舍予筑　译

*
中国建筑工业出版社出版、发行（北京海淀三里河路9号）
各地新华书店、建筑书店经销
北京雅盈中佳图文设计公司制版
天津图文方嘉印刷有限公司印刷
*
开本：889×1194毫米　1/20　印张：11$\frac{3}{5}$　字数：253千字
2019年2月第一版　2019年2月第一次印刷
定价：99.00元
ISBN 978-7-112-22807-2
（32932）

如何解读"时间"？

How do we read "Time"?

前　言

　　本书提及的建筑，是我们建筑事务所以及 JKK、首都大学东京本部等数年来共同合作完成的项目，我将把它们分为三个部分介绍给大家。

　　第 1、2 部分是按照以往的设计经验与设计手法改造的建筑。并且，在设计、施工中施以抗震加固措施，以此让建筑能够在很长的时间内持续地使用下去。

　　第 1 部分是集合住宅系列，数量在几十户，样式各不相同，包含店铺、事务所、整栋公寓以及团地住宅（相当于中国的保障性住房——译者注），等等。通过建筑的再生来解决问题的方法也是多种多样的，其中不乏把本来用于出租的公寓翻新成可以申请到住房贷款的商用住宅这样具有深刻意义的案例。

　　第 2 部分是非住宅建筑的改造案例，为了找到更新的解决方案，我们倾注了自己的智慧。特别是有一次同时处理两栋竣工年代相差较大的建筑—— 一栋是有着 30 年历史的建筑，另一栋则是竣工于昭和（一桁）时代、距今有 80 年历史的建筑，过程就如同在格斗中燃烧了大量的能量一般，很辛苦，且付出了大量的努力。在此过程中，我们学习、意识到时间在建筑中的渗透作用。

　　第 3 部分有关新建的建筑，也是我们事务所不只设计再生建筑的证明。无论面对新的或是旧的建筑，我们对其进行设计的时候，在思考方法上都有本质上的联系。也就是说，无论进行哪一种设计，在其过程中都应抱有要创造出"长寿命建筑"的念头。

　　建筑的未来将会怎样，我们不得而知，如果建筑可以被社会所期待的话，我想那会是能够满足各种需求的建筑，我们愿以此为目标，进行我们的设计工作。

青木茂

2015 年 9 月

目 录

CONTENTS

01 集合住宅篇 Refining / Collective housing

如何解读"时间"

青木茂

    大约在这一年之间，日本对于建筑的长寿命化的政策发生了很大的变化。首先，国土交通省于 2014 年 7 月 2 日颁布了针对不具备"检查完成证书"的建筑，如何合理利用指定的检查机构，来调查建筑符合建筑标准情况的指南。文部科学省也改革了针对公立学校的补助金制度，发表了《学校设施长寿命化的修缮手册》，并且笔者也参与了手册的编纂工作。这份手册较以往存在更新的内容，简单来讲，学校建筑需要延长寿命的情况下，如果工程中含有新的施工内容，可以从国家得到 50% 的补助金，但实际上对新制度充分加以利用的话，对建筑进行修缮能得到 75% 的补助金。国土交通省与文部科学省对于建筑的长寿命化的制度进行了较大的改变。

    相信许多人已经知道，但我还是想对国土交通省这次发表的手册进行简单的介绍。这份手册发表在许多建筑缺少"检查完成证书"这一现实背景之下。以前的建筑（伪造抗震强度的"IWAYURU 姊齿案件"之前的项目）若是对公有资金进行调度，建筑全部会被要求取得"检查完成证书"，但是除此之外，只要有"检查完成证书"就能顺利地对资金进行调度，而"检查完成证书"就显得不是那么重要，这是许多建筑不具备检查完成证书的起因。像这样多数建筑不具备"检查完成证书"的情况下，无法判断出建筑在建设之初是否依照基准法而合理地进行了施工，因此当建筑扩建、改建或者改变用途的时候，变得尤为困难并由此而产生很多问题。针对这个课题进行研究后，手册中指出了关于调查不具备"检查完成证书"的建筑在建成之初是否合法的方法，使得扩建改建或者改变用途的工作能顺畅地进行，我们期待着这份手册能够对现有资产的合理再利用起到促进的作用。不只是针对木结构建筑，也包括钢筋混凝土结构建筑、钢结构建筑等所有结构形式的建筑，想必会给建筑业带来相当大的冲击。

在手册问世 5 年前的 2009 年，我们完成了"田川后藤寺樱花园"项目，这个项目本身就是不具有"检查完成证书"的建筑物。通过合理利用检查机构的再检测，使得建筑符合建筑法，并对建筑加以改造，这在日本应该是最早的案例。关于这个案例，在《建筑再生》（2010 年，建筑资料研究社）这本书中会有介绍。但是我认为，对于今天来讲，这个案例有着十分重要的意义，有必要再次提起，因为理解这个案例有助于顺利推进由国土交通省颁布的手册。

建成"长寿命建筑"的必要条件

一方面，拥有"检查完成证书"的建筑物应该说具有十分完善的条件。但就像人会有这样那样的缺点，建筑也会有缺点。虽然想要让建筑在建成后的 50 年或 100 年都能够继续使用，但是什么建筑都不会有完美的施工，所以我认为事先的预设十分重要。特别是经历过阪神大地震以及东日本大地震之后，建筑的安全性、结构性问题的相关讨论日渐升温。在国家的角度上，政府针对建筑的抗震性也提供了相应的补助金，其意义在于把建筑的安全性规定成为义务而实施奖励。

另一方面，对于建筑的耐久性而言，还没有到达发生严重问题的程度。对于抗震的相关问题，其实在计算机上就能够进行安全性的计算，但是对于现实中的建筑来讲会有很多的实际问题，例如：剥去装饰材料后会产生意想不到的缺损，由于地震而产生的裂缝与破损，或者之前的施工工作不完备。对这些缺陷一一进行修复，最终完工的建筑，其结构强度须达到抗震诊断标准。

我们的事务所把像这样的修补工作进行记录，并制作成"住宅档案"，是建筑安全性的担保文档。因为涉及项目的方方面面，以至于对每一个建筑都有大量的记录，这对延长建筑寿命是不可缺少的。具体的步骤是：首先，针对原有建筑的复原图纸进行第一轮设计。如果图纸被保存下来的话，这项工作是十分愉快的，但若没有图纸就只能到现场实地测量。这实在是花力气花时间的工作，但通过这样的工作，能够对建筑情况有整体把握，能够提出合理的修补与加固的方案。而且在现场直接接触到建筑，头脑中会浮现出如何使建筑再生的想法，预见到建筑的未来会怎样。之后在思考建筑如何设计的同时，提炼出具体的抗震加固的方法。

改造工作的伊始，没有像现在一样的指导流程，而是处于摸索的状态。最开始的决定是，对于特定行政厅、检查机构等的要求和指示全部进行回应。更进一步，为了让主持建筑设计的人能够进行辨别，将材料全部整理后再提出，这不就是使没有"检查完成证书"的建筑能够符合建筑法规的方法吗？这样的工作，对于我与协助我的工作人员来说，都是非常辛苦的。尽管辛苦，但在工作中也积累了相当多的技术经验。建筑的场所、结构、形态、用途都不尽相同，而且改造后的建筑的使用功能也是各有千秋。在被告知建筑信息的基础上，如何解决被赋予的新课题，如何使建筑符合现在的法规，对于这些问题，都没有确切的答案。只有通过不断地实践总结，才能实现长寿命建筑的目标。

突破建筑改造的"融资"的最大难关

在建筑改造的过程中，最大的难关是如何与银行交涉。实际上，没有"检查完成证书"的建筑物不具备法律依据，扩建、改建以及改变用途的建设都不能够获得融资。我曾经在一家银行关于一个改造项目进行了 1 个小时的演讲。在演讲中我问大家"还有什么问题吗？"，大家回答说"没有"。接下来当我说"那么允许我对我设计的改造项目融资"的时候，好多问题就被提了出来。原来他们对没有"检查完成证书"的建筑进行贷款这件事是十分重视的，我因而对此有了清晰的认识。虽然在那时，这一问题没有及时解决，但此后大约 1 年半时间内，在参加了银行方面的学习会之后，我们确定了满足以下 4 点要求便可以获得银行融资的实施框架。

1. 再一次提出确认申请
2. 取得"检查完成证书"
3. 制作建筑的历史档案文件
4. 取得混凝土结构中性化合格的判定

现在，这个流程也得到了其他银行的赞同，成为为建筑改造提供服务的业务。

其中，对于混凝土中性化的合格判定是以前没有考虑的方法，它是对混凝土中性化的发展情况的详细测定，以及与测定相对应的通过测定混凝土的剩余使用年限来判断建筑使用年限，再以使用年限的七成到八成作为申请融资的条件。本书中记载的"光第1大楼"项目就是通过这种融资制度取得了银行长期贷款。这样一步一步地，不就能把许多的难题解决掉吗？

如何解读时间

研究建筑改造手法与建筑长寿命化相关的对策，如今已经迎来了第30个年头。从最初至今，心中一直没有改变的就是"如何解读时间"这一问题。

进行改造的建筑都是建成10年以上的建筑，从建成至今经历了建造的动机、资金的调度、设计和施工作业。进一步来说，不能单纯从建筑的物理寿命考虑，而是要围绕着长期的建造行为中人的思维想法，并且要解读建筑所在地域的历史和场所性。我认为，寻找出建筑改造后的50年、100年还能持续成长的建造方法是十分有必要的。

关于本书中记载的建筑设计与结构设计的方案，我希望让大家了解并且对其中的设计行为所产生的结果来进行判断。

"田川后藤寺樱花园"项目中所取得的经验

以福冈县田川市后藤寺中完成的樱花园项目为例，我想说明如何让项目成立，为何以及如何让资产价值得到提升。

原有建筑是昭和四十年（1965年）左右建成的，历经多人之手后，被现在的主人所拥有。业主曾经听过我的演讲，于是委托我改造建筑。起初商讨时，除了一张简易平面图，从业主那里什么都没有得到，而对于建筑的相关情况，除了知道当初属于日本原国有铁路部门，其余都是未知。为了调查在建设之初是否进行过确认申请手续，工作人员去了当地的田川土木事务所的确认申请受理窗口，并调查了确认申请原件的记录。业主得知后，将此建筑完成前后将近 10 年的确认申请原件放在桌子上，让他们随意翻阅，而这两名工作人员也多次前去访问。从田川土木事务所所得到的有效信息是：田川的建筑是混凝土结构，于昭和四十年前后开始建设。我们对那个时代的确认申请原本进行调查后发现，昭和四十一年的确认原本记载的"规划通知书"上所载的建筑面积与我们实际调查的结果完全一致，当初是日本原国有铁路组织的宿舍。与此同时，我让 JR 九州集团的朋友帮助搜集相关资料之后，在尽管好像完全不能得知的情况下，却得到了与建筑形式相似的平面图与剖面图。

另一方面，对于建筑改造后如何再利用，在与业主商量后得出结果——以提供日间照料服务的老年住宅为方向进行规划。如果项目是针对高龄者专用的优良的租赁住宅的话，可以从福冈县得到相应的扶助金，所以"无论如何都要使得建筑取得法律法规上的正当性"，这是业主最大的愿望，也是这个项目能否成功的前提条件。根据原件的记载，"规划通知书"（民间的确认申请）被提出后，并没有取得"检查完成证书"，属于不能取得"既存不适格"* 证明的情况。经过一系列的探讨，要证明建筑"既存不适格"的方法，无论在哪里都没有记载。于是我们自己考虑了 4 个步骤。第一，将建筑进行完全调查，也就是对建筑进行实地测量。第二，对混凝土的劣化情况进行调查，这里包括压缩强度的计量以及中性化试验。第三，对钢筋进行检查，通过取样调查等方式对钢筋状况进行确认。第四，对地表进行挖掘，对基础的形状进行确认。这一部分如果是在城市里进行的话，会产生很大的费用，但是从朋友的建筑公司借来了挖掘机，对 3 个位置进行挖掘，很快确认了基础的形状。

通过这些调查结果绘制出现存建筑结构的复原图，并进行了抗震检测，证明这个建筑物并不符合当时的法律。还有就是，由于《都市计划法》在当时并没有实施，因此不需要进行验证。

如以上所述，简单地说，就是在对现有建筑进行设计改造的基础之上，施以近年才开始实施的抗震加固。

---

* "既存不适格"指的是"基于当时建筑法律建造的建筑，在竣工后由于法律以及城市规划的变动，建筑本身不能满足现行法律的一种建筑存在状态"。如果继续使用这一状态下的建筑并不违法，但在扩建或改建的时候，应当使此建筑物满足现行法律。——译者注

改造后的规划方案与抗震加固方案，需要保证必要的空间，并且提高其美观性与功能性，在不相互影响的前提下，在讨论如何进行抗震加固的同时进行作业。关于抗震加固，我们不只是改造建筑，还要实现建筑的轻量化。将不需要的墙体、腰墙以及屋顶防水层上的浇筑水泥一并拆除，在几乎只剩下建筑框架的状态下进行抗震加固。在减少不必要的加固作业之后，成本也被有效地削减下来。

在进行设计工作的同时，我们与商业雇主对建筑的商业性能进行了商讨。在项目初始阶段我就了解到，对于这个项目来说，如果不对建筑面积进行1倍以上扩建的话，不能形成商业模式。在当时我们设想，如果按1.5倍规模扩建的话，按照现行法规追溯，以现有建筑的钢筋种类与配筋的间隔等相关的规范设定，几乎不可能实现结构耐久性。如果考虑一下的话，撇开建筑法规中一个基地只能建一个建筑的大原则，可以采用一个建筑用地中建两栋建筑的方法。少数针对特殊情况的方法是，将建筑扩建的部分设置在另一栋建筑里，两栋建筑在用途上有着密不可分的关系，就能够进行扩建。这样一来，就可以达到必要的面积。

在这次项目之前，我们也进行过几次结构计算书的复原工作，但这是第一次碰到完全没有图纸的情况。"田川后藤寺樱花园"是目前为止进行建筑改造中最为艰难的项目，尽管是那个时候的经验，但之后能够成为前述调查指南，也就是建筑改造在法律层面的"长寿命建筑"这一行政方案的实例基础，我觉得十分幸运。

田川后藤寺樱花园

Gotoh-ji Sakura Apartment in Tagawa, Fukuoka

AFTER

▲ 改造后南侧的外观

▼ 食堂（改造后）

BEFORE

BEFORE

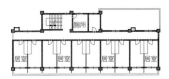

原有二层平面图

AFTER

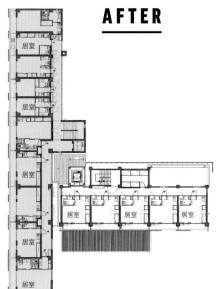

改造后二层平面图

改造后一层平面图

原有一层平面图

□ 扩建建筑
□ 原有建筑
— 抗震墙体

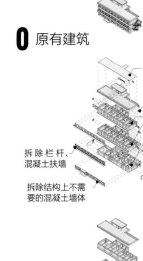

0 原有建筑

拆除屋顶防水层
上部的混凝土

拆除窗框

拆除结构上不需
要的混凝土墙体

拆除栏杆、
混凝土扶墙

拆除结构上不需
要的混凝土墙体

拆除结构上不需
要的混凝土墙体

1 通过拆除混
凝土实现建
筑轻量化

新设置抗震墙体

2 抗震加固

3 加固后的
建筑

增设电梯

扩建部分

办公室入口处增设雨棚

新设置窗框、
墙壁

新设置遮挡视线的
幕墙板、阳台栏杆

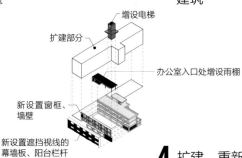

4 扩建、重新
设置建筑
外部装修

5 改造完成

How do we read "Time"?

Shigeru Aoki

The Japanese government's policy about extending the life of architecture greatly changed in the past year. Firstly, Ministry of Land, Infrastructure, Transport and Tourism launched the guideline for investigation of buildings without Certificate of Inspection to conform to the Building Standard Act utilizing the designated inspection bodies on July 2nd, 2014. Next, Ministry of Education, Culture, Sports, Science and Technology altered the subsidy system for public schools, releasing the "Guideline for the repairs of school facilities for the longer life." I was a member of the editing team of this manual. This is, in short, that schools can now receive either REPAIR or newly built works subsidy equal to 75% of the total cost, which used to be 50% and only for new buildings. In fact, the both Ministries have steered to promote extending the life of architecture.

As many of you might already know, let me briefly explain the first guideline. The fact behind this guideline is that many buildings do not have Certificate of Inspection in Japan. This is possibly because Certificate of Inspection was considered less important when financing for building costs. Until the scandal of falsifying quake-proofing data, so-called Aneha case, only Certificate of Verification of Building Construction had been required to obtain loans. Unless you needed raising public funds, Certificate of Inspection was indispensable. Without the Certificate of Inspection, it is difficult to judge whether the building was constructed in compliance with the Building Standard Act of those days. This will also make the building's extension and alteration works and change of use difficult.

For this problem, the guideline shows how to carry out a survey on the building without Certificate of Inspection whether conformity with Building Standard Act is recognized. This will promote extension, alteration and change of use of existing buildings, and consequently lead to effective utilization of building stock. The guideline is also applicable to all building construction methods such as reinforced concrete and steel structure as well as wooden one, and will give a great impact in architectural industry.

One of my "Refining" projects, Gotoh-ji Sakura Apartment, completed in 2009, is probably the first example in Japan that a building without Certificate of Inspection was legitimized to the current Building Standard Act by utilizing a designated inspection body. Details can be found in my book, "Kenchiku Saisei e (Toward Reviving Architecture)" (Kenchiku Shiryo Kenkyu Sha, 2010,)but I will discuss later because it has an important meaning in our society today. If you read this example, the guideline that the Ministry of Land, Infrastructure, Transport and Tourism launched would be more effective.

Necessary Issues for Long Life Architecture

Could a Certificate of Inspection be a proof of perfection? I think that it is important to anticipate that not all buildings are constructed to last 100 years; just like any human being, buildings may have some faulty places. Especially after the Great Hanshin-Awaji Earthquake and the Great East Japan Earthquake, a discussion on safety of buildings and structural issues has been more active, and the Government introduced some subsidies for seismic safety.

On the other hand, durability of buildings has not become a serious problem yet. Earthquake-proof safety could be examined on a computer, but actual buildings are more complicated. When surface finishes are removed, faults in unexpected places, cracks and damages caused by earthquakes, or construction faults might be found. The strength of a building demanded by an earthquake-resistant diagnosis could be achieved by repairing the problems one by one carefully.

Our team compiles a "history record" that all the repair work done in the past is recorded, which could be a guarantee of building safety. The book becomes enormous quantity because it covers all parts of the building, and this is necessary to prolong the lifetime of buildings.

The following is the procedure: First we reconstruct drawings of the existing building. It could be easier if the original drawings remain, but if not, we have to actually measure the building. Though it requires considerable labor and time, we can grasp the situation of the building, which enables us to propose appropriate ways of repair and reinforcement to the client. Visiting the spot and touching the building materials give us the ideas about how we could revive the building, and we can see into the future. Then we start planning the ways of reinforcement, as well as working out a floor plan.

When I began on this job, "Refining"of architecture, no guideline existed, and I had to start from scratch. What I decided first was to respond thoroughly to demands of administrative agencies and inspection bodies. In short, I thought that the way to conform the building without Certificate of Inspection to the current law could be found by providing all the documents for the building officials. Even though it was challenging for my staff and me, we could accumulate really important knowledge and skills. Every building has its own location, structure, shape and purpose. Also various usage could be expected after being revived. It is important to solve any problem given in the given situation and conform the building to the current law. The decided answer does not exist. Only the accumulation of actual proofs can materialize long-life architecture.

Overcoming of the biggest barrier for "Refining" architecture: obtaining a loan

The biggest barrier for reviving building projects was negotiating with banks. The building without Certificate of Inspection has no legal basis, and the owner/client cannot obtain a loan for the building's extension and alteration works and change of use. Once I had given a lecture on "Refining" architecture at a bank: Having spoken for about an hour, I asked if they had any questions, and they said "No." "All right," I said, "you mean that you are ready to finance ALL the "Refining" architecture that I design from now on." Then many questions came out. Here they finally recognized the importance of financing reviving the buildings without the Certificate of Inspection. The given problems were not able to be settled immediately then, so we had study sessions for further one and a half years. A framework of the financing condition was made as follows;

1. Resubmitting an application for building construction
2. Acquiring the Certificate of Inspection
3. Making a "history record" of the building
4. Introducing conformity judgment of neutralization of concrete

Other banks have agreed on these points too, and now we have formed a business alliance of "Refining" architecture. Among these, conformity judgement of neutralization of concrete had never been considered before: This is the system to finance against 70% or 80% of the total service life of the building estimated by the coping method and a residual period of the concrete, that are confirmed by measuring the progress of neutralization in detail. "Hikari 1st building" which appears later in this book is an example that the client could obtain a long-term loan by this system. Now I am proud that we have solved many difficult problems even though it was one step at a time.

How do we read "Time"?

It has been about 30 years since I began to tackle the methods of reviving architecture and extension of life of the buildings, and what I always keep in mind is "How we read 'Time'."
The buildings which we "Refine" have their own history of several decades; a motive to build them, the act of financing, the design process, and the construction. In other words, we have to search for a clue to let the building last 50 or 100 further years after "Refining." What is important is not just extending the life of the building physically, but reading the thought of people concerned, the history of the building and its site, the characteristics of the area and so on.
Shown here are the results of our architectural designs and suggestions of structural issues.

The experience of Gotoh-ji Sakura Apartment in Tagawa, Fukuoka

The following is the example of Gotoh-ji Sakura Apartment in Tagawa which shows how we could achieve a success as the enterprise and the improvement of the property value.
The original building was constructed in 1965 and had had several owners until the current owner bought it, who called me for the work. At the time of our first meeting, he only brought a floor plan, and there was no information except that it might have been a dormitory of the former Japanese National Railways. So our staff members visited Tagawa Civil Engineering Office to check how the application for the confirmation of building construction was submitted. There was a huge amount of record, and two staff members visited several times spending so much time to look over the record of around ten years

of the expected year of construction. An officer advised us that it could be around 1965 when reinforced concrete buildings had begun to be constructed in Tagawa. According to the advice, a description in 1966 about the building of with same total floor area as the actual building that we surveyed was found; so we concluded that it was the dormitory. Then I asked the person I knew working for JR Kyushu if he could help us to collect any information and managed to obtain a floor plan and sectional drawings of a similar building.

On the other hand, we discussed with the owner and concluded to revive the building as a residence for the elderly with an adult day care center. The owner's strongest wish was to make the building to conform to the laws in order to obtain a public subsidy from Fukuoka prefecture, which was inevitable to make good business sense.

According to the data, the application for the confirmation of building construction had been submitted, but a Certificate of Inspection was not issued, which meant that there was no way to prove disqualification.

As we could not find any out a solution, we carried out four original methods; measuring the building, assessment of concrete deterioration, investigation of reinforcing rods including partially destructive survey, and confirmation of the shape of the building base by digging. The last normally cost a lot in a city area, but fortunately I could borrow a power shovel and dug three points to see the base shape.

Based on the results of these, we drew up a reconstructing plan of the existing building and conducted the earthquake resistant diagnosis to prove whether it conformed to the laws at that time or not. Confirmation on the current Urban Planning Law was not necessary because it had been built before the law was established. This is, in short, we redesigned the existing building and did the seismic diagnosis.

The new floor plan and the reinforcement work were planned, along with securing enough space and considering appropriate reinforcing method in terms of visually and functionally. As for the reinforcement plan of our "Refining" architecture, we try to reduce the weight of the building first: stripping the building to its skeleton by removing non-structural walls, a waterproof layer and a protective concrete layer. The reinforcing work is carried out after the weight is reduced, which also reduces necessary quantity of reinforcement, and is effective for cutting the cost.

At the same time as planning the architectural design, we studied the feasibility with the owner: then we realized at an earlier stage that we needed to enlarge the floor space nearly the double for an existing building to make an established business. We had to satisfy the current law as for the structural resistance when enlarging a building then, though the law about the extension of floor area has been changed now. It was almost impossible to satisfy the standard of reinforcing rods or their positions. To solve the problem, we made the extension section separately in the same site, treating as an outbuilding. Thus they were recognized "indivisible in a use," and we gained enough floor area.

Actually we had restored the structural calculation sheets in the past but had never faced the building with no drawing like Gotoh-ji Sakura Apartment, which was the hardest case among the "Refining" projects in terms of overcoming legal issues. This experience has been a strategic move to conform a building without Certificate of Inspection to the Building Standard Act, i.e. changing "Refining" architecture to 'Long-life Architecture' legally.

改造建筑

集合住宅篇

到现在为止，对于集合住宅的改造（不分商品型与出租型）可分为 4 种情况。

CASE **1**　对于出租型住宅，暂时腾退住户再进行改造。
　　　　　至今为止，这种情况的实例很多。

青木茂建筑工房的案例：光第 1 大楼、Kosha Heim 千岁鸟山、佐藤大楼

CASE **2**　对于出租型住宅，边使用（居住）边进行改造。

青木茂建筑工房的案例：大分县 H 项目（2005 年）、LIBERA 奖牌（2006 年）、光第 6 大楼（2010 年）

CASE **3**　对于商品型住宅，边使用（居住）边进行改造。

青木茂建筑工房的案例：S 公寓是第一次进行的项目

CASE **4**　将改造后的集合住宅进行再次出售、转让。

青木茂建筑工房的案例：千驮谷绿苑 HOUSE 是第一次进行的项目

针对这些集合住宅所对应的情况，均可以对其加以改造。

由出租型公寓
转化成商品型
公寓的改造

千驮谷 绿苑 HOUSE

Sendagaya Ryokuen House

本项目是以旧抗震标准建成的出租型公寓，在不损失其美观与眺望感的同时实施抗震加固，将建筑的内装、外装以及设备全部焕然一新，使建筑物的价值得以提升。根据税务法针对剩余使用年限超过7年的建筑物的相关规定，本项目在完成面向经营者的融资以及住户的住宅贷款等金融相关的准备之后，计划以商品公寓再次出售。

"Refining" an Apartment House to a Condominium

This apartment house was built under the old seismic code. The aseismic reinforcing work and the renovation of both inner and outer finish as well as facilities were carried out, keeping the visual appearance and a good view. The result was that we achieved the improvement of the property value.

Though this building's remaining service life was seven years, we arranged a financial system for both businesses and end consumers, which lead to a framework to resell a property like this as a condominium.

► 新设置的通向住宅的通道。在改造之前，一层的通道为业主专用，居住者则从二层的通道进入，图中面向二层的楼梯也焕然一新，给建筑带来轻快感

AFTER

▼ 在面向千驮谷车站的道路一侧的建筑东侧外观。图片右边的绿植是新宿御苑（北侧），为了满足对于御苑的眺望功能，我们让阳台发挥了最大的作用，并且使其有全新的改观。而在东侧，由于抗震加固的原因，我们封堵了部分洞口

AFTER

千驮谷绿苑 HOUSE/ 改造的 POINT

1. 在建筑改造工作之初能够融资、贷款的商业型公寓

2. 由出租型公寓改造为商品型公寓

3. 户型与设计焕然一新，建筑的商业价值得到提升

4. 考虑到居住性和设计感的结构加固

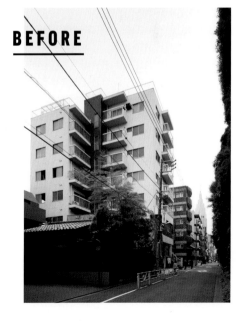

BEFORE

建筑改造的分析图

POINT 1 在建筑改造之初能够融资、贷款的商业型公寓

原有建筑是竣工于昭和四十五年（1970年）的出租型公寓，为钢筋混凝土结构。尽管位于只需要徒步3分钟便能到达千驮谷车站的好地段，但由于户型以及设备老旧的缘故，入住情况并不如人意。随着城市规划的更新，根据建筑日照标准和建筑限高的规定，无法建出与原有公寓楼相同规模的建筑。因此，如果是新建项目，就很难保证项目的商业价值。

另外，这个建筑是原来的业主从长辈手中继承下来的，有把建筑保留下来的意愿。基于以上种种，新的业主在购买这栋建筑后，决定把原有的出租型公寓改造后作为商品房进行出售。

由于这栋建筑是于新抗震标准实施以前施工建设的，有必要对其进行抗震加固。与此同时，为了降低其价值，我们以楼内的公共走廊为中心实施抗震墙体加固，以便可以不在能够眺望新宿御苑美景的北侧墙体和需要充足采光的南侧墙体上进行加固，使视野得以保障。这个抗震加固的方案取得了第三方审查机构的抗震审查判定书。

建成43年的出租型公寓能够以商品型公寓的形式出售，使这一想法得以成立，是这一方案的重点。根据第三方审查机构的推算，原有建筑物的物理使用年限可以达到50年。以此为依据，根据税务法针对使用年限仅存7年的建筑物的改造费用的相关规定，业主得以从金融机构进行融资。相应地，住户们从住宅金融支援机构及金融机构取得住房贷款也成为可能。事实上，通过以上计划的实施，在项目竣工时，所有房间一售而空。

 0 原有建筑

建成43年／钢筋混凝土结构／
7层建筑／旧抗震标准

1 拆卸、撤除　　为了实现建筑物轻量化，提高抗震性，拆除结构、设计上所不需要的部分

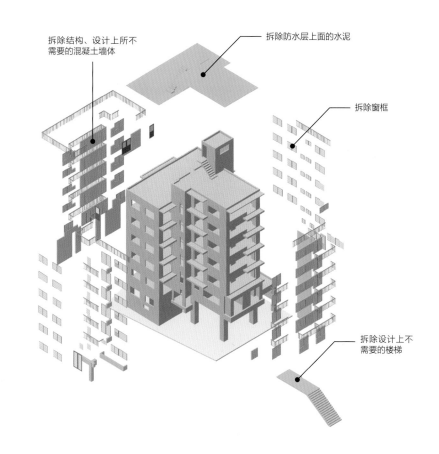

拆除结构、设计上所不需要的混凝土墙体

拆除防水层上面的水泥

拆除窗框

拆除设计上不需要的楼梯

2 加固

为了使便捷性与设计感不受到破坏，我们避免使用斜撑，通过设置剪力墙、加厚墙体、加固实墙开口部位的方式提高结构的稳定性。加固以公共走廊为中心进行实施，从而使建筑南北两侧可以得到较大的建筑开洞，确保建筑视野

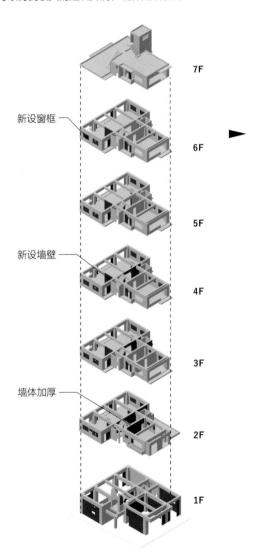

3 更新外部装饰、防水等

为了保护原有结构体并提高建筑的设计感，我们更换了外部装饰。并运用了瓷砖和自然材料——石材作为外装材料，覆盖建筑外部，达到防止混凝土碳化的目的

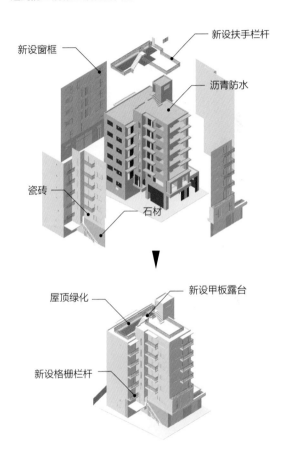

4 改造完成

为了提高房间的隔声性能，我们重新设置了窗框。考虑到房间的私密性，并且为了控制室内的日照强度，在阳台的栏杆部分设置了再生木材的格栅，在屋顶上设置了外部隔热的防水层和绿化带。设备的纵向管线设置在公共走廊处，便于管理维护

POINT 2 把出租型公寓改造
成商品型公寓

▼ 改造前两室两厅日式房间的室内。无论户型还是设备都已经过时、老旧，从而导致了入住者减少

根据建筑日照标准制约建筑体量

如下图
▼ 在改造（利用原有建筑）的过程中可能新建的建筑体量
➤ 在改造过程中有可能增加新建的体量（灰色的部分）
随着城市规划的更新，依据建筑日照标准和建筑限高的规定，无法建出与原有公寓楼相同规模的建筑。因此，如果是新建项目，就很难保证项目的商业性

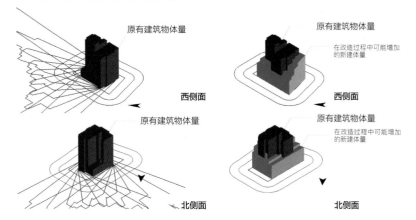

BEFORE

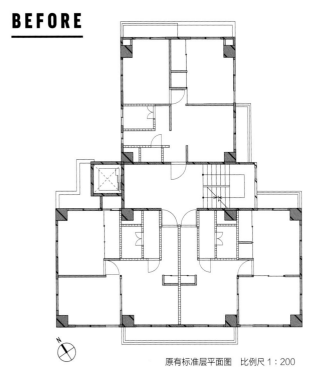

原有标准层平面图　比例尺 1：200

AFTER

改造后的标准层平面图　比例尺 1：200

AFTER

▲ 为了确保七层屋顶的防水坡度，我们在拆除旧有的炉渣混凝土后重新铺设。再铺装上甲板以及绿化，使其成为住户们可以小憩的场所

➤ 南侧外观（改造后）。为了保证不影响南北两侧房间向外眺望的视线，在东西两侧的墙体以及中央部走廊的部分进行抗震加固

AFTER

BEFORE

▲ 西侧外观。考虑到抗震加固以及西晒的问题，把一部分的开口进行了封闭

POINT 3 户型与设计焕然一新，建筑的商业价值得以提升

BEFORE

▼ 北侧住户的厨房　➤ 从厨房欣赏新宿御苑的绿意。增大了开口面积，设置了阳台

AFTER

红色部分为增设的剪力墙

二层平面图

七层平面图

改造后的一层平面图　比例尺 1∶200

三层平面图

BEFORE

▼ 南侧住户的视线穿过大厅，可看到厨房　　➤ 向下可以看到中央线／总武线的电车轨道

AFTER

▲ 602 号室

截至竣工的工作流程

1 合约前的相关业务和简单构想

2012 年 1 月底~　寻找相关咨询公司以及相关单位，
向委托人进行初步的概念说明

2 基本构思

2012 年 6 月~　在通过结构检查、实际测量、行政协议之后取得抗震评定结果，并
决定不随着建筑确认申请进度进行施工。签署设计、施工、监理的
相关业务协议。对新户型方案、整栋建筑的入口方案以及委托人的
具体要求等进行确认

3 方案设计

2012 年 11 月~　委托人、设计师、设计协助公司、与抗震加固相关的咨询公司对
平面方案、建筑样式、理念以及入住者的设想、户型、工程预算、
施工单位、建筑设备等相关问题进行多方面商谈

4 深化设计

2013 年 2 月　开始进行住房贷款和金融融资研讨
3 月　确定入住者的相关条件
5 月　进行建筑使用年限推算调查（第 1 次）、混凝土碳化情况调查等

5 工程监理

2013 年 9 月　进行建筑使用年限推算调查（第 2 次）和有关混凝土碳化的现场调查
10 月　金融机构确定住房贷款事宜
11 月　考察建筑拆除现场
2014 年 3 月　进行住房贷款（住宅支援金融机构）相关的现场调查、预售展览、建筑
使用年限推算调查（第 3 次）、有关混凝土碳化的现场调查。考察完成

6 竣工

2014 年 4 月

FINISH!

BEFORE

AFTER

▲ 门厅 ➤ 电梯厅

办公室

		701 48.41㎡
602 86.12㎡		601 42.52㎡
502 39.18㎡	503 46.46㎡	501 42.52㎡
402 39.18㎡	403 46.46㎡	401 42.52㎡
302 39.18㎡	303 46.46㎡	301 56.14㎡
203 85.63㎡		201/202 21.81㎡/23.42㎡
102 30.50㎡	103 53.21㎡	门厅	101 56.14㎡

住户表

▼ ➤ 一、二层面对道路的一侧将被设计成办公空间

增设墙体　　加厚墙体　　封闭墙开洞

▲ 加固施工的情况

考虑到居住性和设计感的结构加固

— 建筑设计

在面对新宿御苑的北侧开口，尽最大可能地增大面积，以确保眺望的功能。而且，为了不影响设计感，避免使用斜撑作为抗震手段。相较于在建筑外侧墙壁进行加固，采取了在楼内走廊及楼梯周边集中加固的方式。

考虑到各个住户在地震时的安全性，我们采用了带有抗震门框的玄关门。两个住户之间的间隔墙使用了隔声性能较强的干式墙壁，以便将来户型改变后进行施工。

在屋顶进行外部隔热的防水处理，在内部使用氨基甲酸乙酯进行隔热处理。

在面向外部的墙面，使用隔声、隔热性能相对较高的窗框。

关于外部装修，为了保护原有建筑结构并提高外观的设计感，我们去掉原有的瓷砖和涂料，更换为新的瓷砖与石材。并且，在用地范围内以及屋顶尽可能多地布置绿化。

— 施工方案

抗震改造的原则：由于原有建筑的开口较多，能够起抗震作用的墙体相对较少，并且开口高度相对较低的部分受到剪力而遭到破坏，开口处是结构较为脆弱、抗震性能较低的部分。而且依照设计规划，在玄关、阳台的进出口处很难设置抗震墙体。

针对抗震改造的原则，我们在 X 轴方向设置剪力墙，同时在一部分外墙上设置抗震缝。在 Y 轴方向，使封墙开口处的脆弱性得到缓解，从而确保了墙体的抗震强度。并且为了防止中间层与柱子相连接的梁和柱子之间受到剪力而遭到破坏，在楼内楼梯的部位设置了剪力墙。

加固内容：新增混凝土墙体（t=200 ~ 250mm）
加厚墙体（t=100 ~ 150mm）
开口封墙（t=120 ~ 150mm）

— 结构设计

原有建筑的抗震检测结果是，X 轴方向上，七层以外的部分在标准值以下，Y 轴方向上，六、七层以外的部分在标准值以下。该建筑物为混凝土框架结构，在 120mm 厚的墙体内设置斜撑，开口部的高度很小，被判定为极脆弱的结构构件，是一栋非常不坚固的建筑物。在 X 轴方向，也能看到相对于层数较高的部分，对照分析，图像形状指标相对减小，这一影响是非常大的。而且根据这个抗震检测结果，除了一部分受力方向和楼层，Is 值与 CTUSD 值都在标准以下，判断出在预设的地震震动以及冲击的影响下，建筑倒塌的危险性较高。

— 加固后的检测结果

抗震加固后的结果：Is 值、CTUSD 值达到标准值以上。通过在 X 轴方向设置剪力墙，在 Y 轴方向封闭墙体开口，以保证强度。脆弱部分被缓解，建筑的抗震性能得到提升。

— 加固方案的判定

抗震改造方案由第三方审查机构 BUREAU VERITAS 的抗震判定委员会进行审查。由于满足抗震检测指标的标准，抗震加固方案合格得到了认可，并取得了"抗震判定书"。

— 设备方案

原有管道设置在专门位置，而检修口并没有设置在公共走廊的一侧。因此将纵向管道设置在公共走廊的一侧，并且安装检修口，以便在维修、保养的时候可以不进入住户。另外，从公共部分向住户内横向引入管道，避免了上下住户被纵向管道贯通，从而提高了住户房间的完整性。

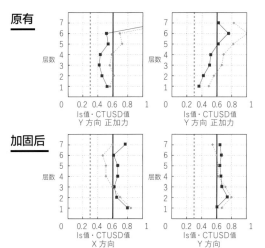

▲ 原有与加固后的 Is 值与 CTU·SD 的变化

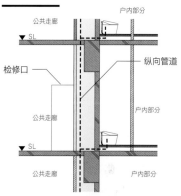

原有建筑的管道（上）和改造后

▲ 加固后的状况

户型、设备陈旧的
出租型集合住宅的
改造

光第 1 楼

Hikari 1st Bldg. R

光第 1 楼／改造的 POINT

① 增加电梯，提高安全指数

② 更新平面方案

③ 将水管经过的区域集中在公共走廊一侧以及阳台一侧

④ 设置金属网幕墙来遮挡来自外部的视线

⑤ 取得"既存不适格"的证明，确认审查的进行

► 改造后。崭新的出入口周边。塔状的部分是扩建的电梯设备间
▼ 新设的入口大厅

POINT 1

增加电梯，提高安全指数

这是一栋建成 38 年、采用框架剪力墙结构的出租型集合住宅。为了满足建筑日照标准，我们拆除了屋顶设备间，使得建筑整体实现轻量化，而抗震性能也因此得以提高。进一步地，在结构上计算出不需要的受力墙，配合整体的平衡性进行拆除。正由于框架剪力墙结构的存在，自由平面成为可能。

"Refining" an Apartment House with Obsolete Room Layout and Equipment

A 38-year-old rental apartment of wall type reinforced concrete structure attained the improvement of earthquake resistance by removing its penthouse to satisfy the "sun-shadow" regulation, which reduced the total weight of the building. We also removed the unnecessary concrete walls based on the earthquake resistant diagnosis, according to the floor plans. This enabled more flexible layout planning for wall type reinforced concrete structure.

▲ 北侧外观。拆卸屋顶设备间与高架水箱，新设电梯以及面向电梯的通路。由于新设了电梯，便捷性得到提高。在二至五层的外部走廊设置扶墙及格栅金属网幕墙。
▼ 在入口处设置自动上锁装置，使安全系数得以提高。除了楼梯外，还设置了坡道通向电梯

AFTER

BEFORE

▲ 改造前的北侧外观。在最前面突出来的部分是外部楼梯，在其上端安装了高架水箱
▼ 与外部楼梯相连接的公共走廊

◀ 为了能使住户远离犯罪，避免侵犯隐私等问题，我们为一层西侧的住户设计了专属庭院，并且在面向专属庭院的一侧设置玄关，形成客厅穿过式的户型

BEFORE

AFTER

▲ 西侧外观

改造的相关分析图

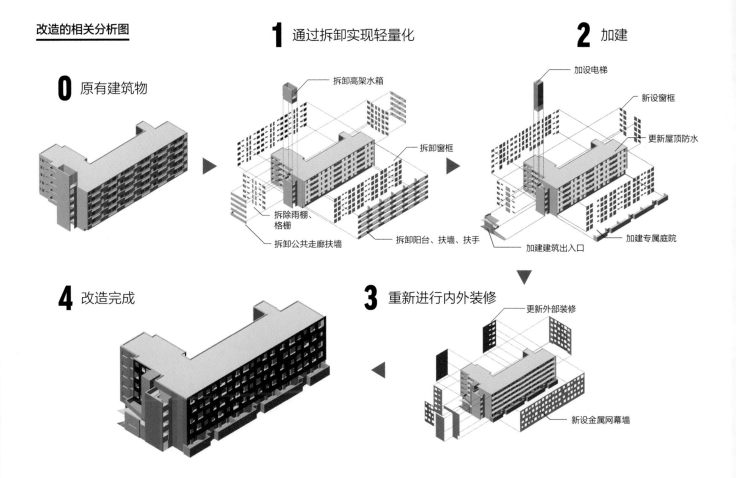

0 原有建筑物

1 通过拆卸实现轻量化
- 拆卸高架水箱
- 拆卸窗框
- 拆除雨棚、格栅
- 拆卸公共走廊扶墙
- 拆卸阳台、扶墙、扶手

2 加建
- 加设电梯
- 新设窗框
- 更新屋顶防水
- 加建专属庭院
- 加建建筑出入口

3 重新进行内外装修
- 更新外部装修
- 新设金属网幕墙

4 改造完成

　　光第 1 楼是有 38 年历史的框架剪力墙结构的出租型集合住宅。所处地段位置良好，可以十分便捷地到达市中心。在建筑不断老化的同时，周边新增项目方案的竞争力不断提高，从而导致这栋住宅入住率较低。

　　委托人同时拥有几栋建成 30 年以上的出租型公寓，希望在"不重建建筑的前提下通过建筑改造使得建筑保留下来"，解决入住率低、重度漏水等诸多问题。怀着这样的愿景，委托人来到我们的事务所。我们也有过对"光第 6 楼"一边使用一边进行内部装修、设备

改造的经历，因此这一次的项目算是继那一项目之后的第二次合作。

　　此次改造除了更新内部装修以及设备以外，还增设了外部装修、电梯、电梯厅。考虑到设备维护，我们将管道配线都安排在公共走廊及阳台的一侧，而且拆除结构上不需要的受力墙体，为自由的平面构成提供可能。针对一层的住户，设计了由混凝土墙壁围合成的专属庭院，并设计出客厅通过式的户型。

　　几年前，在这栋建筑旁新建了一栋新的公寓。为了遮挡来自公寓里住户的视线，我们设计了

格栅状的金属网幕墙，增设电梯以及电梯升降通道、混凝土围墙，这些新的设计元素与被镀铝合金钢板所包裹的原有建筑体量相叠加，呈现出的效果正是由委托人对项目原有想法出发形成的崭新建筑外观所要达到的效果。

　　在同一时期东京都内进行的对于出租型公寓的改造，都是以这一系列的方案为基础。通过这些项目，对一些小区、商品住宅改造的同时，这种在不影响使用的同时进行施工的手法也在人们心里留下深刻的印象。

POINT / 2　更新平面方案

拆除结构上不需要的受力墙体，为自由的平面构成提供可能

针对一层的住户设计了由混凝土墙壁围合成的专属庭院，并设计出客厅通过式的户型形式

BEFORE

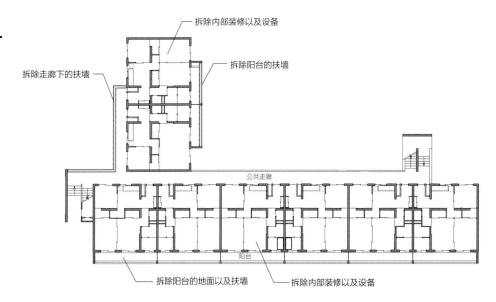

拆除内部装修以及设备

拆除阳台的扶墙

拆除走廊下的扶墙

公共走廊

阳台

拆除阳台的地面以及扶墙

拆除内部装修以及设备

原有一层平面图　比例尺 1：400

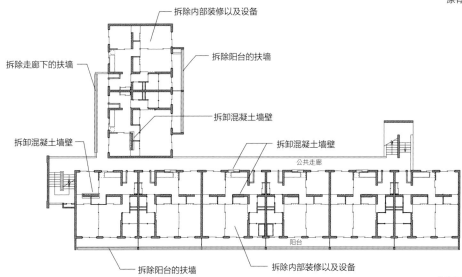

拆除内部装修以及设备

拆除阳台的扶墙

拆除走廊下的扶墙

拆卸混凝土墙壁

拆卸混凝土墙壁

拆卸混凝土墙壁

公共走廊

阳台

拆除阳台的扶墙

拆除内部装修以及设备

原有标准层平面图　比例尺 1：400

POINT 3 将水管经过的区域集中在公共走廊一侧以及阳台一侧

考虑到管道的保养维护，把管线集中在公共走廊一侧以及阳台一侧

AFTER

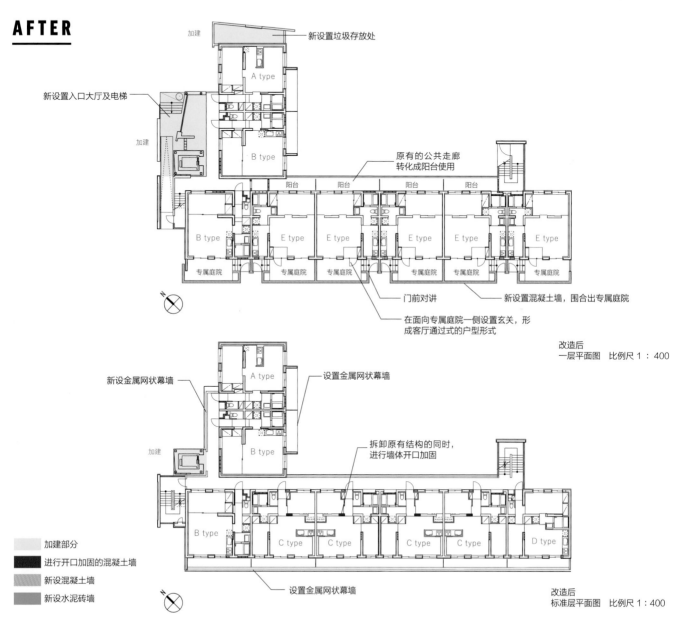

新设置入口大厅及电梯

加建

加建

新设置垃圾存放处

A type

B type

原有的公共走廊转化成阳台使用

阳台　　阳台　　阳台　　阳台

B type　E type　E type　E type　E type　E type

专属庭院　专属庭院　专属庭院　专属庭院　专属庭院　专属庭院

门前对讲

在面向专属庭院一侧设置玄关，形成客厅通过式的户型形式

新设置混凝土墙，围合出专属庭院

改造后
一层平面图　比例尺 1：400

新设金属网状幕墙

设置金属网状幕墙

加建

A type

B type

拆卸原有结构的同时，进行墙体开口加固

B type　C type　C type　C type　C type　D type

设置金属网状幕墙

改造后
标准层平面图　比例尺 1：400

加建部分

进行开口加固的混凝土墙

新设混凝土墙

新设水泥砖墙

BEFORE

住户房间标准平面图（3K）
比例尺 1：150

平面图标注：
玄关
门厅
厨房
日式卧室 4.5 帖
壁橱
壁橱
盥洗、更衣室
日式卧室 6 帖
日式卧室 6 帖
浴室
阳台

➤ 根据结构计算，将结构上不需要的受力墙体拆除，改换通水管道的位置，通过这些措施使得户型不必墨守原有规划，而形成自由的平面构成

▲ 改造前的标准户型以及拆除工程现场

▲ ➤ 改造中的工程现场。拆除墙壁部分，封闭不需要的墙壁开洞

AFTER

E TYPE

▲ 由混凝土墙壁围合出专属庭院的一层房屋

▼ 从客厅看单人卧室

阳台

西洋式卧室
6.74 帖

LD
12.39 帖

K
4.14 帖

玄关

专属庭院

邮件箱

门前对讲

比例尺 1：150

AFTER

Atype

比例尺 1：150

AFTER

Btype

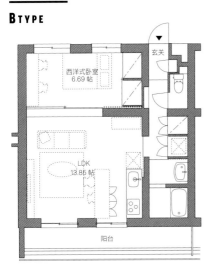

比例尺 1：150

AFTER

Cᴛʏᴘᴇ

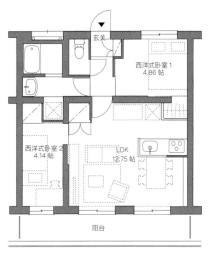

玄关

西洋式卧室1
4.86帖

西洋式卧室2
4.14帖

LDK
12.75帖

阳台

比例尺 1：150

AFTER

Dᴛʏᴘᴇ

玄关

西洋式卧室1
6.90帖

西洋式卧室2
4.14帖

LDK
10.12帖

阳台

比例尺 1：150

AFTER

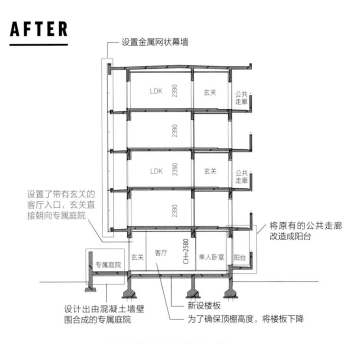

设置金属网状幕墙

| LDK 2390 | 玄关 | 公共走廊 |

| LDK 2390 | 玄关 | 公共走廊 |

2390

设置了带有玄关的客厅入口，玄关直接朝向专属庭院

将原有的公共走廊改造成阳台

专属庭院 | 玄关 | 客厅 CH=2580 | 单人卧室 | 阳台

设计出由混凝土墙壁围合成的专属庭院

新设楼板

为了确保顶棚高度，将楼板下降

改造后的剖面图　比例尺 1：250

BEFORE

AFTER

BEFORE

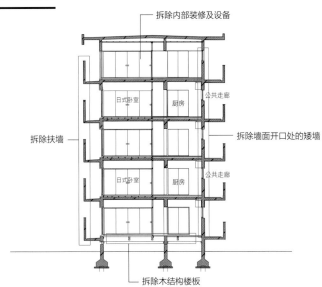

拆除内部装修及设备

| 日式卧室 | 厨房 | 公共走廊 |

拆除扶墙

拆除墙面开口处的矮墙

| 日式卧室 | 厨房 | 公共走廊 |

拆除木结构楼板

BEFORE

AFTER

POINT 4

设置金属网幕墙来遮挡来自外部的视线

确保从内向外的视线，同时遮挡来自旁边公寓楼中人们的视线，我们在第二至五层的西侧以及阳台侧设置了格栅状金属网幕墙

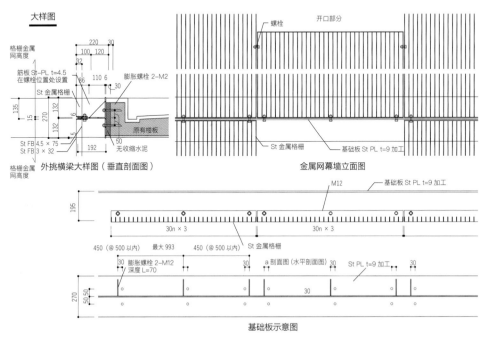

大样图

外挑横梁大样图（垂直剖面图）

金属网幕墙立面图

基础板示意图

BEFORE

AFTER

POINT 5

取得"既存不适格"的证明，确认审查的进行

这次的改造方案中除了外观、户型、设备的更新以外，电梯、入口大厅都是新设工程，因此必须进行建筑确认申请。在新的确认申请进行之前，还需要"既存不适格"的证明，然而原有建筑在竣工时没有接受完工检查，并没有取得检查完成证明书，因此就需要调查当时的建筑施工合法性。

我们对原有建筑提交检查完成申请用图纸的内容和现状的整合性进行确认，并且向土木工程事务所提出"既存不适格"调查书。原有建筑竣工时，赶在《建筑基准法》第56条第2项（建筑日照标准）执行之前，这种情况一般以"既存不适格"来判断，于是建筑扩建的部分就应按照现行法规执行。

根据《建筑基准法》第56条第1项补充说明，为了使原有建筑符合法规，我们通过拆除高架水箱和屋顶的电梯设备间以及调整建筑体量，来得到建筑审查会的同意和特定行政厅的

许可，于是确认申请得以进行。

原有建筑是剪力墙结构，抗震诊断的结果是Iso<Is，并不需要进行抗震加固，但我们在改变户型的同时，还是拆除了一部分墙体。对此，我们依据"整体规划认定相关守则"中结构部分的判断方法，得出的结论是，改造之后的荷重、外力作用于主要结构部分的应力强度允许值、水平承载力、Is值、层间变形角以及刚性率、偏心率等高于原有建筑指标。

对东京世田谷建成
55 年的住宅区其中
一栋的改造

Kosha Heim 千岁鸟山

Kosha Heim Chitosekarasuyama

该项目是对正在进行全面重建的住宅小区内的一栋
住宅进行的改造，是首都大学东京本部青木茂研究室
和东京住宅供给协会的合作项目。在建筑中增建"电
梯""钢结构室外走廊""一层入口大厅"后，建筑的
公共部分焕然一新。

"Refining" One Block of 55-year-old Housing Complex in Setagaya, Tokyo

This is the first collaborative work of Shigeru Aoki Laboratory
of Tokyo Metropolitan University and Tokyo Metropolitan
Housing Supply Corporation. While rebuilding of the housing
complex was proceeding, we executed "Refining" for one
of the blocks. We renewed its public space by introducing
an elevator, an outside corridor made of steel frame and
an extended entrance. The architect was chosen by a
competition to encourage the younger generation to get
involved in public works.

AFTER

BEFORE

◄ 北侧外观。入口大厅在左侧靠里的地方。通过各层的外廊进入各户

▲ 北侧外观。改造前是楼梯间式的共同住宅 *

* 楼梯间式共同住宅是指相邻两个住户共同使用一部楼梯的住宅形式。——译者注

Kosha Heim 千岁乌山 / 改造的 POINT

① 富于变化的平面、剖面设计

② 设置电梯与电梯厅

③ 设计出设备间墙壁、设备空间，使建筑更新更加容易，延长建筑寿命

■	乌山住宅区
■	项目对象
■	饮食
■	居酒屋
■	商铺
■	食品
■	便利店
■	神社、寺院
■	教育
■	公共
■	住宅
■	医疗
■	房地产
■	办公
■	金融
■	美容理发
■	娱乐设施
■	停车场
■	闲置店铺

▲ 周边环境分析图。京王线千岁乌山站的西北方向

▼ 南侧外观。大楼入口安排在一层的右端，南北两侧环绕着甲板广场，在室内有叫作"公共大厅"的交流空间

BEFORE

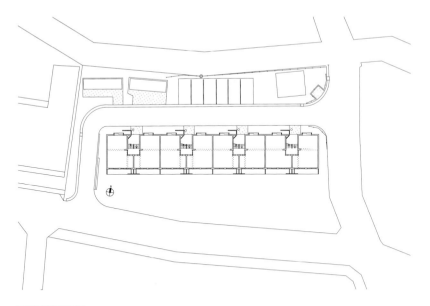

原有建筑总平面图

▲ 南侧外观　▼ 北侧外观

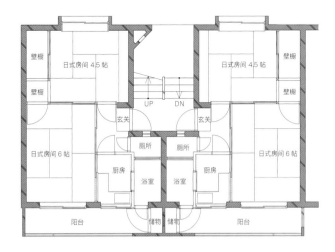

原有建筑平面图

▲ 室内的情形

传承历史的园艺设计

在建筑的北侧我们延续了变为暗渠之前河流的回忆，形成了形态柔缓如鲤鱼一般的园艺，并以此促进住户们的交流

入口大厅的扩建

伴随着电梯的设置，同时也扩建出电梯厅和贯穿南北方向的入口空间。考虑到居住的安全性，我们在出入口安装了自动锁闭门。除此之外我们还设计了一间住房大小的公共大厅，供住户们互相交流的场所随之产生

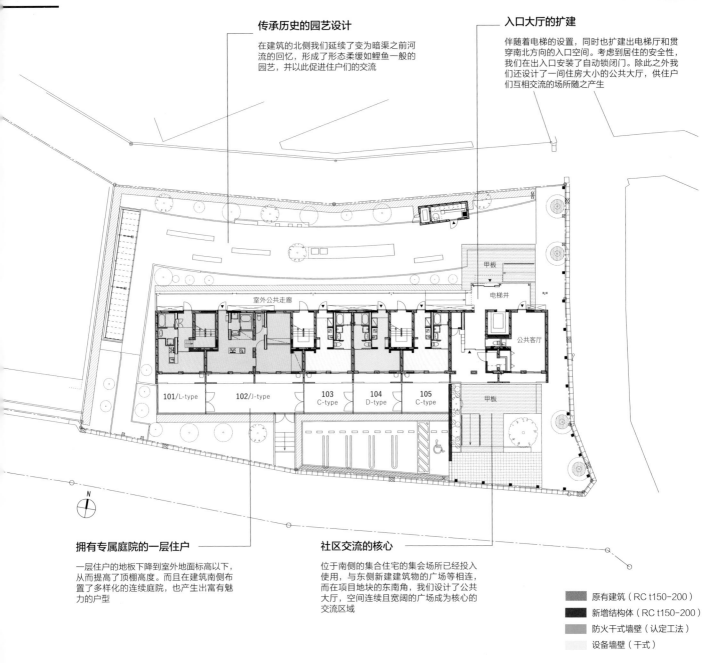

室外公共走廊

甲板

电梯井

公共客厅

甲板

101/L-type　102/J-type　103 C-type　104 D-type　105 C-type

N

拥有专属庭院的一层住户

一层住户的地板下降到室外地面标高以下，从而提高了顶棚高度。而且在建筑南侧布置了多样化的连续庭院，也产生出富有魅力的户型

社区交流的核心

位于南侧的集合住宅的集会场所已经投入使用，与东侧新建建筑物的广场等相连，而在项目地块的东南角，我们设计了公共大厅，空间连续且宽阔的广场成为核心的交流区域

原有建筑（RC t150-200）
新增结构体（RC t150-200）
防火干式墙壁（认定工法）
设备墙壁（干式）

POINT 1

富于变化的平面、剖面设计

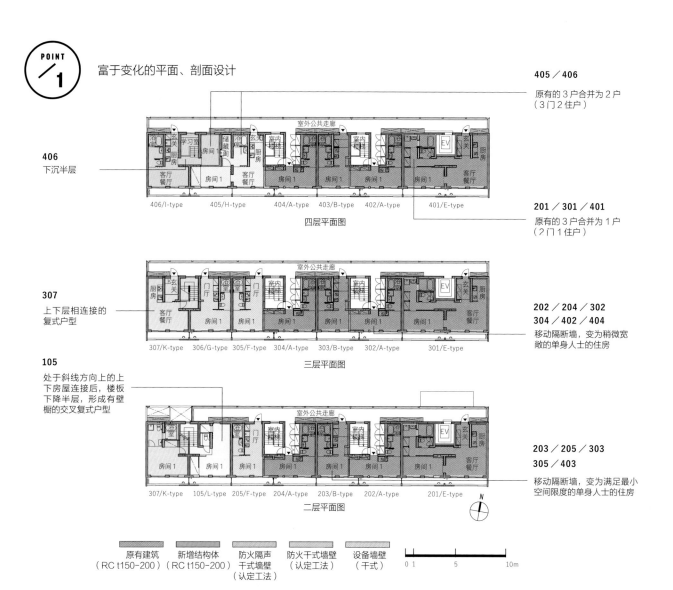

405／406
原有的3户合并为2户
（3门2住户）

406
下沉半层

201／301／401
原有的3户合并为1户
（2门1住户）

四层平面图

307
上下层相连接的
复式户型

202／204／302
304／402／404
移动隔断墙，变为稍微宽
敞的单身人士的住房

三层平面图

105
处于斜线方向上的上
下房屋连接后，楼板
下降半层，形成有壁
橱的交叉复式户型

203／205／303
305／403
移动隔断墙，变为满足最小
空间限度的单身人士的住房

二层平面图

原有建筑
（RC t150-200）　新增结构体
（RC t150-200）　防火隔声
干式墙壁
（认定工法）　防火干式墙壁
（认定工法）　设备墙壁
（干式）

0 1　　　5　　　10m

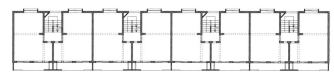

原有标准层平面图

从单纯的形式诞生出丰富多样的平面构成

原有建筑由8个30平方米的住房构成，但我们设计了多样化的平面构成，出租型住宅的魅力得以体现的同时，也可以使建筑本身能够接纳各种类型与年龄的住户，这样有助于激发各个年代的人之间的交流。鉴于此，我们在结构上空间充裕的开间方向的界墙上开口，利用原有建筑的楼梯间做成复式户型，从而产生出各种尺寸的户型。

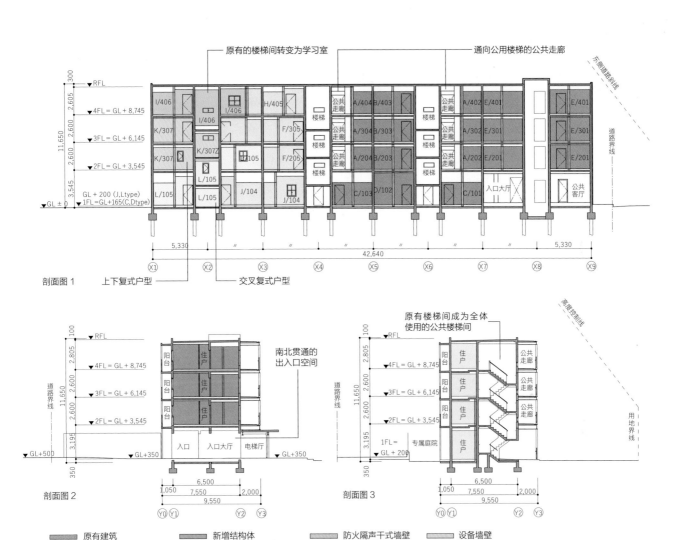

剖面图 1

原有的楼梯间转变为学习室

通向公用楼梯的公共走廊

上下复式户型　交叉复式户型

南北贯通的出入口空间

剖面图 2

原有楼梯间成为全体使用的公共楼梯间

剖面图 3

■ 原有建筑
（RC t150-200）

■ 新增结构体
（RC t150-200）

■ 防火隔声干式墙壁
（认定工法）

■ 设备墙壁
（干式）

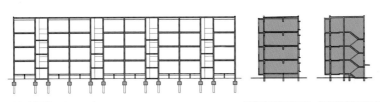

原有建筑剖面图 1　　原有建筑剖面图 2　原有建筑剖面图 3

从原有结构的限制中生成空间

原有建筑的层高是 2.6 米，有些偏低，于是制定了将一层的楼板下沉，并按照复式户型的设想使上下都变宽敞的设计方案，而且将楼梯置入住户内，最终形成连新建方案都没有的、独特的空间构成。

改造的分析图

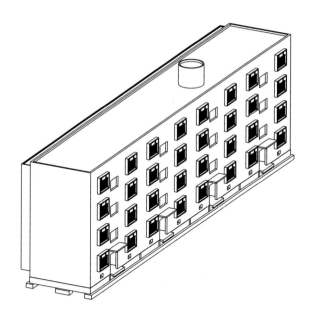

0 原有建筑物

1 拆卸之后，重量减轻

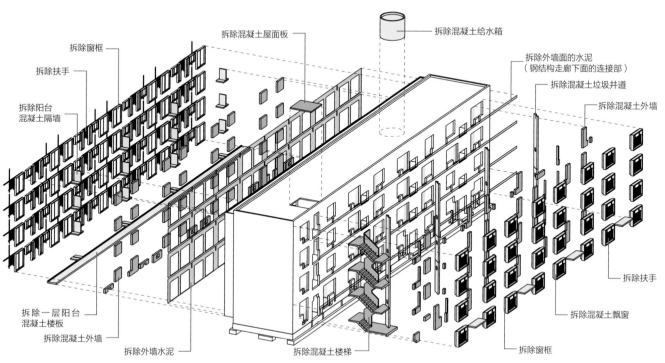

拆除窗框

拆除扶手

拆除阳台
混凝土隔墙

拆除混凝土屋面板

拆除混凝土给水箱

拆除外墙面的水泥
（钢结构走廊下面的连接部）

拆除混凝土垃圾井道

拆除混凝土外墙

拆除一层阳台
混凝土楼板

拆除混凝土外墙

拆除外墙水泥

拆除混凝土楼梯

拆除窗框

拆除扶手

拆除混凝土飘窗

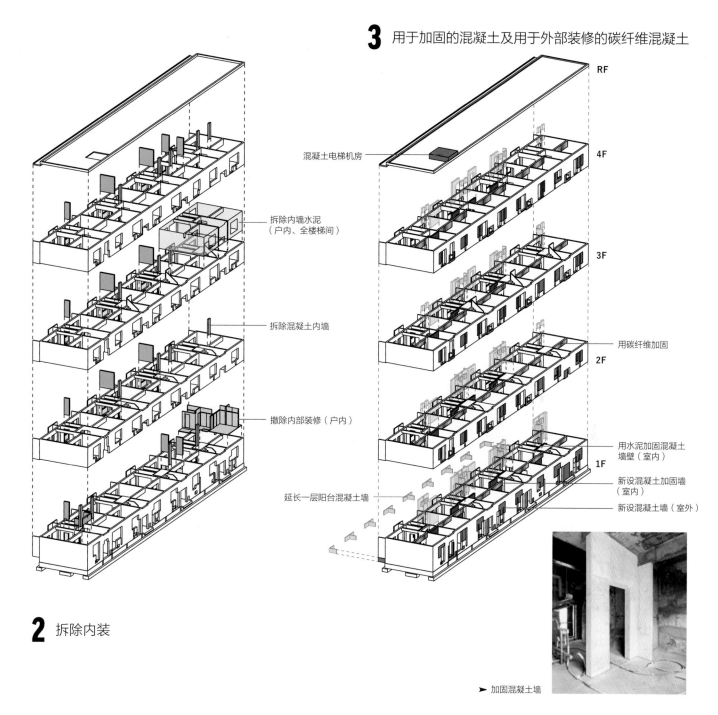

3 用于加固的混凝土及用于外部装修的碳纤维混凝土

RF

混凝土电梯机房 — 4F

3F

用碳纤维加固 — 2F

拆除内墙水泥
（户内、全楼梯间）

拆除混凝土内墙

撤除内部装修（户内）

用水泥加固混凝土
墙壁（室内）

新设混凝土加固墙
（室内）

1F

新设混凝土墙（室外）

延长一层阳台混凝土墙

2 拆除内装

► 加固混凝土墙

4 户型平面变更 / 设置设备间的墙壁与设备放置区域

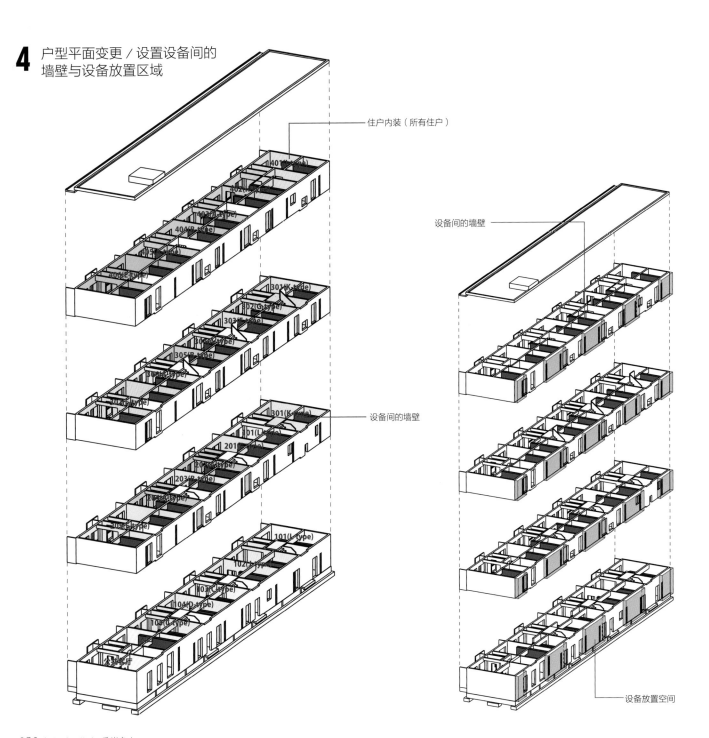

住户内装（所有住户）

设备间的墙壁

设备间的墙壁

设备放置空间

设置电梯与电梯厅

5 新设施外部装修 / 外部走廊 / 电梯

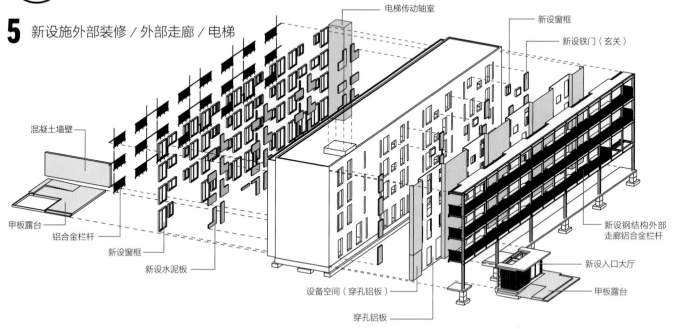

电梯传动轴室

新设窗框

新设铁门（玄关）

混凝土墙壁

甲板露台

铝合金栏杆

新设窗框

新设水泥板

新设钢结构外部走廊铝合金栏杆

新设入口大厅

甲板露台

设备空间（穿孔铝板）

穿孔铝板

6 改造完毕

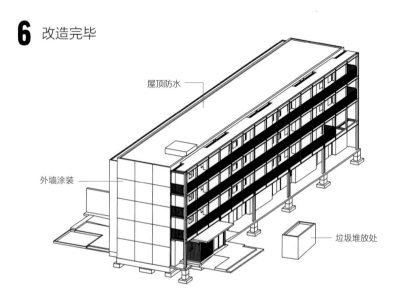

屋顶防水

外墙涂装

垃圾堆放处

▼ 设置了电梯的北侧入口外观

POINT 3 设计出设备间墙壁、设备空间，使建筑更新更加容易，延长建筑寿命

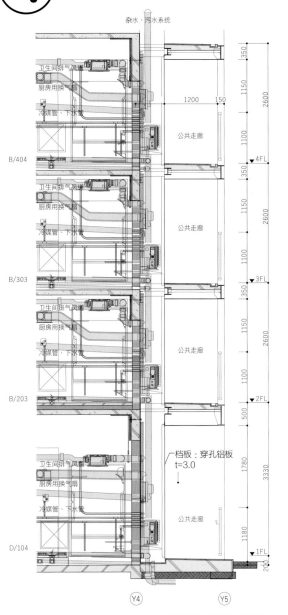

杂水、污水系统

卫生间排气风道
厨房用换气扇
冷媒管、下水管

B/404

公共走廊

卫生间排气风道
厨房用换气扇
冷媒管、下水管

B/303

公共走廊

卫生间排气风道
厨房用换气扇
冷媒管、下水管

B/203

公共走廊

档板：穿孔铝板
t=3.0

卫生间排气风道
厨房用换气扇
冷媒管、下水管

D/104

公共走廊

Y4　Y5

设备间墙壁、设备空间的剖面

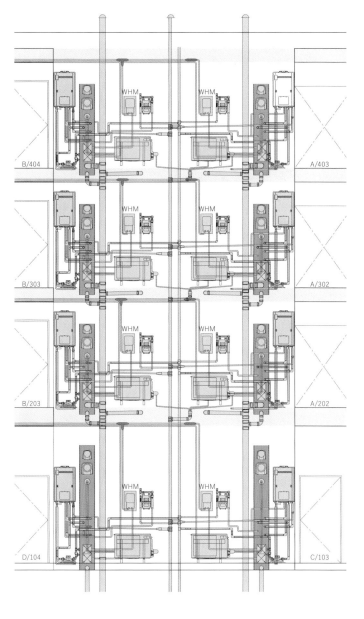

B/404　WHM　WHM　A/403

B/303　WHM　WHM　A/302

B/203　WHM　WHM　A/202

D/104　WHM　WHM　C/103

设备空间的立面

▲ 在北侧的墙面设置设备空间。位于中央的一部分设备空间的门能够打开，可以看见内部。门在平时是关闭的，形成严整的墙面

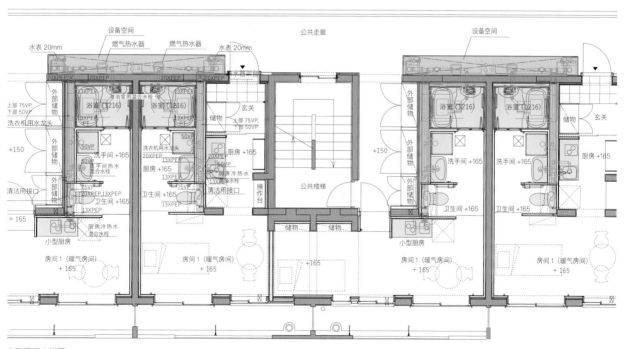

户型平面大样图

提供多样的户型

BEFORE

全 32 户（2DK／30㎡）

AFTER

带有护理服务、面向高龄者的住宅：15 户
一般出租型住宅：8 户

剖面图　　　一般住户 ←　　→ 高龄住户

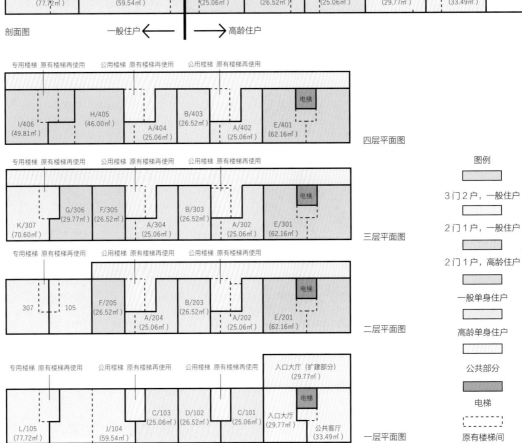

四层平面图

三层平面图

二层平面图

一层平面图

图例

3 门 2 户，一般住户

2 门 1 户，一般住户

2 门 1 户，高龄住户

一般单身住户

高龄单身住户

公共部分

电梯

原有楼梯间

A

6 户 1R

使用面积 25.06m²

■ 设备间墙壁

▨ 原有结构体

□ 新设结构体 / 增加浇筑水泥

■ 新设置干式墙壁

B

1 户 1K

使用面积 29.776m²

E

3 户 1LDK

使用面积 62.16m²

* R=room，L=living room，D=dining room，K=kitchen，S=service，下同。——译者注

设备间墙壁
原有结构体
新设结构体 / 增加浇筑水泥
新设置干式墙壁

I

1 户 1LDK+S
使用面积 49.81m²

F

2 户 1DK/1K
使用面积 26.52m²

J

1 户 2LDK
使用面积 59.54m²

K

1 户 1LDK

使用面积 70.60m²

下层　　　上层

设备间墙壁		新设结构体 / 增加浇筑水泥
原有结构体		新设置干式墙壁

L

1 户 1LDK

使用面积 77.72m²

下层　　　上层

关于 Kosha Heim 千岁鸟山

改善住宅的示范工程

2010 年，首都大学东京本部与东京市政府为了解决城市相关课题而开始设立共同研究项目。不只是东京，当前日本的成熟型城市均面临与环境、低生育率以及建筑群体老旧化相关的诸多需要尽快解决的问题，但是没有找到解决办法。首都大学东京本部的这一课题项目是这一类城市所存在的严重问题得以解决的引导型研究项目。

在项目课题中，我们所负责的"课题 2"是关于大规模老旧建筑群在城市结构中产生的严重问题。迄今为止，这些建筑已经被注入巨额资金。如何使其成为品质优良的建筑资源，我们抱着这个目的开始了研究。对此，不仅对建筑个体进行优化，而且定位在降低环境负担的方向上，采取积极推进城市合理利用的手段，在城市结构的范畴进行研究。课题与问题清晰之后，再开始尝试针对建筑与城市的具体问题进行提案。我们希望这个研究的成果不只对东京，而且对全国乃至全世界面临这样问题的城市作出贡献，进一步地，可以在民间的建设产业中进行普及，我们是以此为目的进行的研究工作。

在此列举 3 个项目目标：

① 住宅团地改造手法的调查、研究

② 以单栋住宅为单位的改造手法的调查、研究

③ 对上述两方面课题进行整理后，总结出改造手法，进行普及

迄今为止，首都大学东京本部对于住宅团地的调查研究，已经通过《团地 Refinement》与《团地 Refine》两本书进行过汇报。这次很特别的是，与东京住宅供给协会（"JKK 东京"）协定进行共同研究，并以"JKK 东京"在世田谷区所有的"鸟山住宅 8 号楼"的住宅楼更新样板作为开始。这期间，2011 年度、2012 年度由"JKK 东京"派来的两名客座研究人员分别在大学从事建筑调查以及对方案设计、深化设计的监管工作，2012 年度实施了施工监理以及对施工负责人的监督工作。在这个项目开始的同时，为了使建筑改造手法得到全面的一般化的公开，我们举办了改造建筑的学习班，有 8 人参加，基本上每月开讲两次。在讲课中，对于调查的理想状态、方案设计的进行方法等方面进行了公开，特别是关于在鸟山地区的实地考察中，对这个街区周边城市的历史与商店街如何成立等方面的研究。

鸟山住宅于 1956 年由"JKK 东京"建成，位于京王线上距千岁鸟山站 5 分钟步行距离的好地段。近年来，除了 8 号楼，其余已全部重建，由此形成新的住宅团地。在这种情况下，运用建筑改造的手法使建筑得以再生，其意义不仅仅针对公营住宅，对于公共建筑今后的再生方式也会产生相当大的意义。

这一次的现场勘查中，有一个新的发现，那就是在与千岁鸟山站相隔一条道路的、南北走向的场地中，保留有历史上描述过的寺庙。经过对交通网络进行整理开发，那片区域能够成为民众在休息日进行散步等活动的场所，形成新的街区魅力。如果说有什么期待，我希望能够将地区的历史遗产进行发掘，使其融入有助于城市开发的项目中。我们这个项目的重要设计线索就是以此为出发点而形成的基本构想。

在深化设计阶段，我们在与设计者进行详细商谈的

同时，也带领前面提到的课程的学员参加施工作业，2013年5月1日开始施工。对于施工单位的选择，随着眼下建设工程量爆炸式的增加，在第一次的招标中并没有确定施工单位，而是在再一次招标后确定。尽管这不是什么重要的研究问题，但也是需要进行仔细考虑的。实际上，建筑的建设成本的大幅度变化能够反映社会的形势。尽管在项目过程中发生了这种实际情况，但还要继续推进。更何况如果是新建建筑的话，建筑成本也会大幅度增加，而且所谓改造建筑的建设手法是将结构部分保留再进行施工，用于结构体的钢筋与混凝土等的成本一定不会与新建建筑相同。与近几年新建建筑的施工成本提高1.5倍后才能中标的情况相比较，在当前的时代背景下，建筑改造无疑是对建筑进行有效施工的一种途径。

青木茂

Kosha Heim 千岁乌山　对扩建部分建筑面积的相关解释

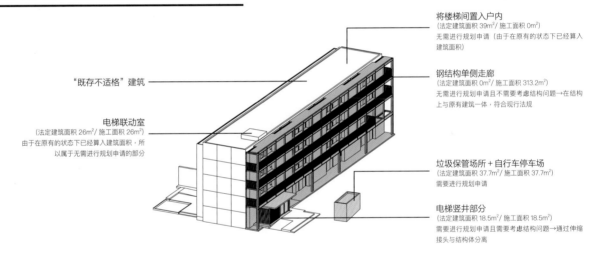

"既存不适格"建筑

电梯联动室
(法定建筑面积 26m² / 施工面积 26m²)
由于在原有的状态下已经算入建筑面积，所以属于无需进行规划申请的部分

将楼梯间置入户内
(法定建筑面积 39m² / 施工面积 0m²)
无需进行规划申请（由于在原有的状态下已经算入建筑面积）

钢结构单侧走廊
(法定建筑面积 0m² / 施工面积 313.2m²)
无需进行规划申请且不需要考虑结构问题→在结构上与原有建筑一体，符合现行法规

垃圾保管场所 + 自行车停车场
(法定建筑面积 37.7m² / 施工面积 37.7m²)
需要进行规划申请

电梯竖井部分
(法定建筑面积 18.5m² / 施工面积 18.5m²)
需要进行规划申请且需要考虑结构问题→通过伸缩接头与结构体分离

—— 关于确认申请（规划通知）

对于建筑面积的计算，不计入开放走廊等面积，并且放宽了容积率计算的条件，使条件放宽是设计的一个目的。而且在建筑改造中，对于原有建筑的基地面积是如何算定的，有各种各样的答案。面对这种情况，对于如何说明扩建方案中的扩建面积，就会受到原有建筑结构体以及在计划通知书中所对应的面积的影响。现行法规并没有对于改造的各个情况作出能够全面应对且具有弹性的修改，所以作为设计者，就要自行探求满足建筑安全性与规划合理性的设计方案。

本项目中，与计划通知相对应的建筑面积部分是电梯井、垃圾保管场所，停车场，共计只有56.2m²，有关申请部分的"检查完成证书"已经交付给我们。

在新建建筑中，申请检查完成证书，可以对建筑物的整体安全性能进行保障，但是对于满足旧时抗震标准的改造项目来讲，包括扩建部分在内的整体建筑，一旦进行确认申请，还要提供原有部分安全性的证明。因此，我们对于"抗震诊断评定"、"抗震改修评定"以及"耐久性评定"的取得需要进行探讨。

边使用边施工的商
品型住宅改造

S 公寓

Condominium 'S'

AFTER

BEFORE

AFTER

S 公寓／改造的 POINT

① 在不破坏表面设计感的同时进行改造

② 只对公共部分进行抗震加固

③ 边使用边进行抗震修缮以及相关的大规模修缮

④ 提高居住性

  对建筑进行重建，如果不能保证原有建筑的面积而且预算只有 20 亿日元，实际上是不太现实的。只在住户以外的公共区域进行结构加固，施工的同时不影响使用，是这一项目要解决的问题。

"Refining" Condominium Without the Residents Moving

Our judgment was that reconstruction of this building was impracticable, as the estimated cost was approximately 2 billion yen, and the area of the new building had to be reduced. So we tackled an issue of the reinforcement only in the common space, which allowed the owners/residents to continue living in their dwelling units.

◄ 公共走廊一侧的外观
► 阳台一侧的外观

不损失阳台外观设计感的抗震加固

BEFORE

▲ 原有建筑。被绿色植被覆盖，使人印象深刻

▼ 改造后。阳台一侧的外观被保留

AFTER

不对住户部分进行施工，只对公共部分进行抗震加固

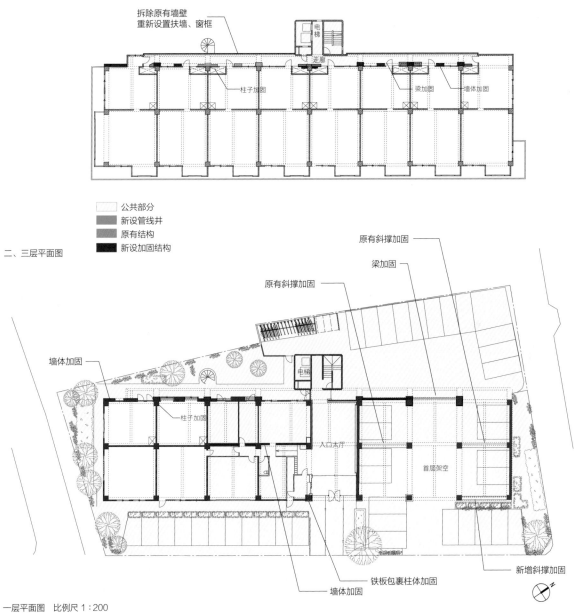

拆除原有墙壁
重新设置扶墙、窗框

电梯

走廊

柱子加固

梁加固　墙体加固

公共部分
新设管线井
原有结构
新设加固结构

二、三层平面图

原有斜撑加固

梁加固

原有斜撑加固

墙体加固

电梯

柱子加固

入口大厅

首层架空

铁板包裹柱体加固

墙体加固

新增斜撑加固

一层平面图　比例尺 1：200

STEP 1

原有的状态

STEP 2

拆除外墙后，设置护墙板

STEP 3

对加固墙体进行配筋

STEP 4

拆下混凝土模板，设置窗框

POINT 3

边使用边施工的前提下，进行大规模抗震加固改造

公共走廊内侧的轴测图

在一层公共部分以及二至五层
的公共走廊内侧进行加固

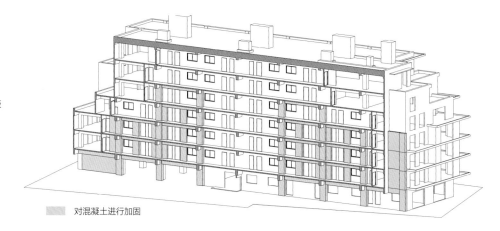

 对混凝土进行加固

阳台一侧的轴测图

对阳台一侧一律不进行加固，
从而保留原有建筑的亲近感

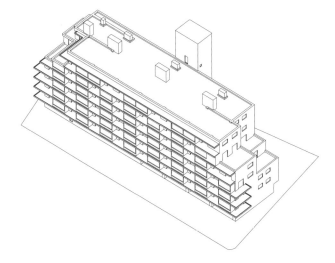

▲ 改造前的公共走廊

▲ 改造前　➤ 改造后。设置加固墙体之后

▲ 改造后。走廊处突出的部分是加固墙体，在梁的外侧设置新的窗框

POINT / 4 　提高居住性

BEFORE

AFTER

BEFORE

　这个案例是对商品型集合住宅边使用边进行抗震加固以及改造。在施工前，进行了近两年的准备。为了让住户对于施工内容有彻底的了解，对每一次施工作业都进行了 3 次说明。

　东京市一直在加强集合住宅的抗震性能，但是对于商品型的集合住宅，我们都曾经历过的在住户居住期间进行施工的案例，会成为解决团地和集合住宅诸多问题的重要依据吗？我们对此深表期待。

▲ 针对住户的要求，对入口大厅进行翻新

对东日本大地震受
灾住宅的改造

佐藤大楼

Sato Bldg.

佐藤大楼 / 改造的 POINT

① 通过抗震加固与加建来确保安全性能

② 为了满足新的需求，设置了电梯并且更新了户型

BEFORE

AFTER

本住宅由业主已过世的父亲设计，随着时间推移，户型已经显得陈旧，设备也已基本老化。而且，在东日本大地震的时候受灾，被认定为半损毁的建筑。在对受灾建筑逐个拆除的过程中，业主的家族成员强烈地希望留住家族与东北震灾的记忆。以此为缘由，我们开始了在东北部的第一个改造项目。当然，灾后复兴也必然是其原因之一。

"Refining" of a Building Damaged by Grate East Japan Earthquake

In the building designed by the deceased father of the client, the floor plan was old-fashioned, and the equipment in a state of deterioration. Besides, it was damaged by Great East Japan Earthquake and received the damage authorization of partial destruction. This "Refining" project began from the client and his family's enthusiasm to preserve the memory of the family and the earthquake disaster somehow, while other buildings were being demolished one after another. As the first "Refining" architecture in Tohoku district, this shows a way of recovery from the disaster.

POINT / 1

通过抗震加固与加建来确保安全性能

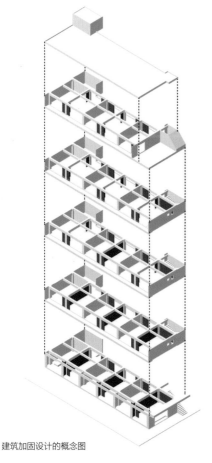

建筑加固设计的概念图

确保结构安全性能

按照下面的步骤实施抗震补修，使得建筑获得结构方面的安全性能。

1 基于《抗震改造促进法》进行针对结构方面的调查

2 以结构调查为依据进行原有建筑的抗震检测

3 以抗震检测为依据进行加固方案设计，再对加固后的结构进行抗震检测

4 由第三方机构对结构进行评定，并且取得评定结果

5 开始进行抗震改造施工

以确保建筑安全性能为目的进行加建

根据《建筑基准法》以及仙台市的建筑条令，原有建筑被判定为"既存不适格"，对于加建部分，我们按照以下的流程实施。

1 与行政机构进行前期协商

2 向建筑物近邻的住户进行说明，并取得施工许可

3 向建筑审查会进行申请，取得加建许可

4 提出确认申请，并取得"确认申请完成证书"

POINT / 2　设置电梯并更新户型，以适应市场的需求

一层 | 一层具备专属庭院、停车场地整合
用水的部位，使面积得以确保

AFTER

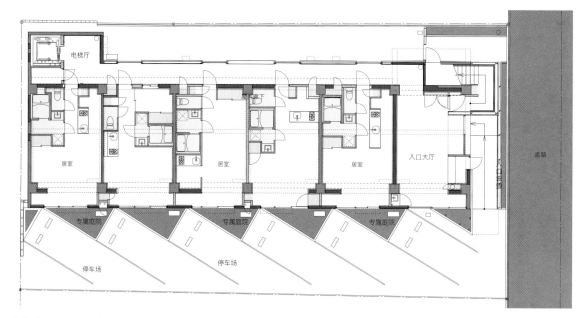

电梯厅　居室　居室　居室　入口大厅　道路

专属庭院　专属庭院　专属庭院

停车场　停车场

改造后的一层平面图　比例尺 1∶200

BEFORE

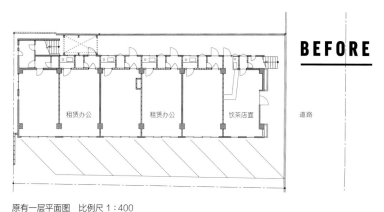

租赁办公　租赁办公　饮茶店面　道路

原有一层平面图　比例尺 1∶400

居室

改造后的
标准层平面大样图　比例尺 1∶150

■ 新增混凝土墙壁

五层

出租屋 | 与露台相连接的便利的居所

AFTER

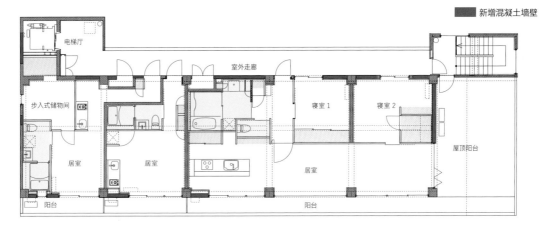

改造后的五层平面图　比例尺 1∶200

BEFORE

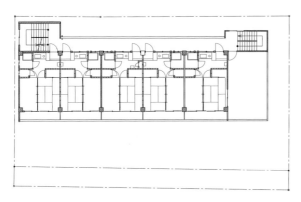

原有五层平面图　比例尺 1∶400

▲ 改造后的效果图（五层的业主房间）

对创业以来在原住地有着 77 年历史的
文具店的改造

山崎文荣堂本店

Yamazaki Bun-eido's Head Office

山崎文荣堂本店 / 改造的 POINT

① 77 年的留恋与历史的继承

② 在兼备设计感与功能性的基础上进行结构加固

③ 设置电梯，使四层住户方便出入的无障碍设计

　　这是一家伴随着 1964 年东京奥运会的城市规划而新建的公司，建筑经历了 50 年岁月。最上层与最下层住宅中的高龄夫妇感到难以继续在此居住，并且建筑内部的商务环境已经难以适应配置现代办公家具的办公风格。在历史传承与顾客的想法相结合的建筑物之中，需要再一次诞生轻松快捷的工作氛围与方便居住的家庭氛围相交织的建筑内部环境。

"Refining" Stationery Store Established 77 years ago

The existing building was built as a part of urban planning for the Tokyo Olympic Games and more than 50 years had already passed. The dwelling units on the top and bottom floors were uncomfortable for the elderly couple, while on other business floors suffered the unsuitable function for the contemporary devices. Our purpose of this project was to "Refine" this building with the history and special feelings of the client to the pleasant office and a lovely family home.

AFTER

▲ 当时挂着"纸和文具"店铺招牌的办公建筑，在它
背后正在建设的大楼是这次改造的对象

▲ 竣工时的外观

▲ 改造项目被委托时的状态。超过 50 年的建筑，抗震性以及办公性能
等问题凸显出来

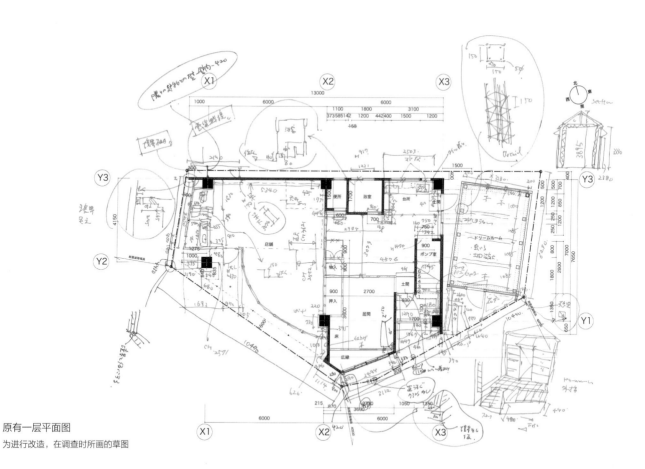

原有一层平面图
为进行改造，在调查时所画的草图

77 年的留恋与历史的继承

关于改造的分析图

0 原有建筑

建成 43 年 / 混凝土结构
4 层建筑 / 旧抗震标准

1 拆除原有建筑上增筑的部分

用于员工交流的"梦幻小屋"
在未申请的情况下被加建出来

2 拆除在结构以及设计上不需要的部分

对于原有建筑，结构体集中在北侧以及东侧，以取得
结构上的平衡

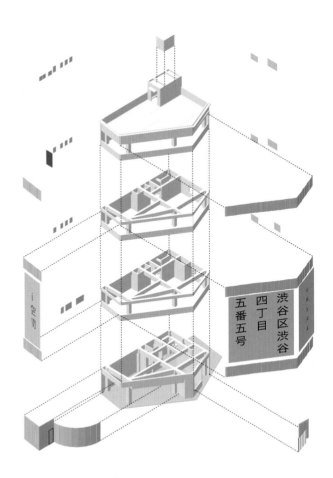

POINT / 2　在兼备设计感与功能性的基础上进行结构加固

3 结构加固

在建筑物的南侧及西侧设置加固辅助构造。与此同时，考虑内部空间自由度、道路一侧的可识别性、外观的设计感等问题

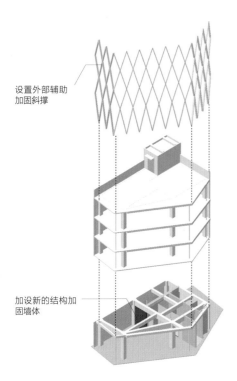

设置外部辅助加固斜撑

加设新的结构加固墙体

4 外部装修焕然一新

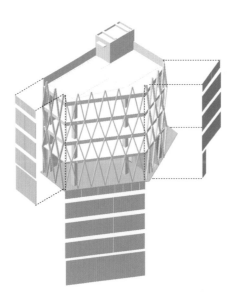

5 改造完成

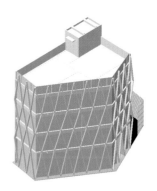

AFTER

▲ 改造后的概念效果图　一层入口大厅

BEFORE

四层平面图

三层平面图

二层平面图

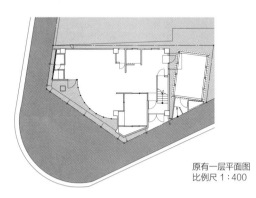

原有一层平面图
比例尺 1：400

办公空间相关的问题

保留着 50 年前的设备，电线暴露在外，停车场和厕所不足，
与现代的办公风格不相符合，建筑变得陈旧。

AFTER

公共部分　　防火干式墙
原有混凝土墙壁　　新设混凝土墙壁

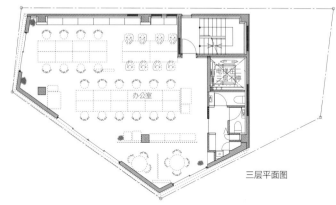

三层平面图

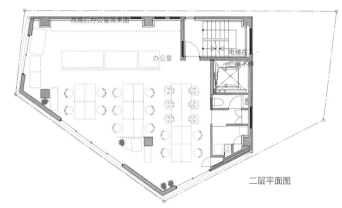

二层平面图

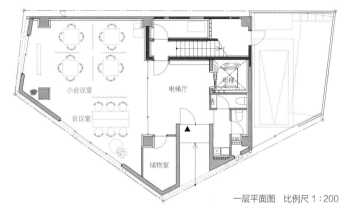

一层平面图　比例尺 1：200

POINT 3

设置电梯，使四层住户方便出入的无障碍设计

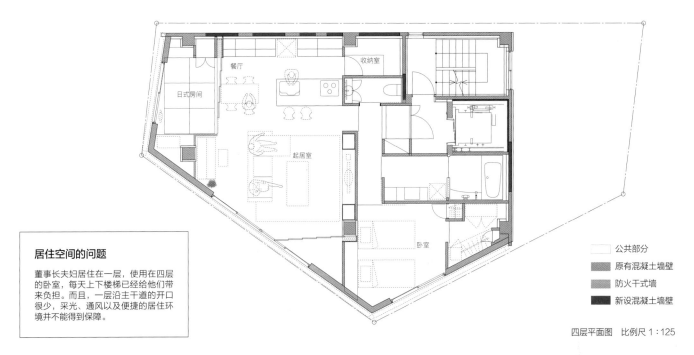

餐厅

日式房间

收纳室

起居室

卧室

居住空间的问题

董事长夫妇居住在一层，使用在四层的卧室，每天上下楼梯已经给他们带来负担。而且，一层沿主干道的开口很少，采光、通风以及便捷的居住环境并不能得到保障。

公共部分

原有混凝土墙壁

防火干式墙

新设混凝土墙壁

四层平面图　比例尺 1：125

▲ 改造后三层办公室的概念效果图

▲ 四层室内

改造建筑

非住宅篇

至今经历最多的一类建筑改造项目是历史性的建造物——不具备较高价值并且在街边随处可见。对于这类建筑，我们在考虑其抗震性的基础上进行改造，同时在设计层面上使其蕴含的资产价值得以提升。

其中，要重点介绍的是一些边使用边进行施工的案例，如佐贺地方法院、家庭诉讼法院，丰桥工商会议所大楼本馆、新馆，尤其是高野肠胃科医院和 MINATO 银行芦屋站前分行。在施工阶段，高野肠胃科医院的就诊量并没有减少，并且在竣工后收到了住院人数恢复原有数量的报告。

对于户畑图书馆这样的历史建筑，改造所面对的课题是，不能在外部显现出抗震加固的痕迹，同时还要考虑如何营造图书馆的功能性及空间感。我们认为这是对于历史建筑改造可以引起广泛讨论的一个课题。

将历史性建造物与未来相连接
的改造项目

北九州市立户畑图书馆

Tobata Public Library, City of Kitakyushu

　　原有的户畑区政府办公楼的外立面相对简朴，在屋顶上设有设备间，表面覆盖着厚重的带有肌理的装饰砖，是矗立在街道中触手可及的、如同皇冠一般的地标建筑。对于这座有着超过 80 年历史的建筑物，我们在尽可能不破坏其表面的基础上进行抗震加固，同时也使它成为更容易被人所亲近的改造建筑，在此展现我们对于近代建筑的改造手法。

"Refining" to Preserve Historic Architecture for the Future

The former Tobata ward office building, in "Teikan (Imperial Crown)" style with its symbolic penthouse and scratch tiles, has been loved by people in Kitakyushu city. We reinforced it not to disfigure the visual appearance of this historic building that was more than 80 years old. It was converted into a library where people feel more familiar, showing a new method of reviving modern architecture.

北九州市立户畑图书馆 / 改造的 POINT

1. 在不破坏建筑外观的前提下对建筑内部进行抗震加固

2. 拆除扩建部分，扩建连廊，使建筑恢复到当初建设的状态

3. 为了不打断连续的内部空间，不采用抗震墙体，而采用钢结构斜撑

4. 新设置挑高空间与天窗，使得室内环境得以提升

POINT / 1 在不破坏建筑外观的前提下对建筑内部进行抗震加固

BEFORE

BEFORE

AFTER

▲ 改造前的东侧外观　▼ 改造前的东南侧外观
► 改造后的东南侧外观。拆除扩建部分后，恢复建筑初建时的状态，并且对于建筑周边进行重新整合，以历史建造物为中心形成了街道的中心岛

改造过程的分析图

0 原有建筑

1 恢复建筑初建时的状态

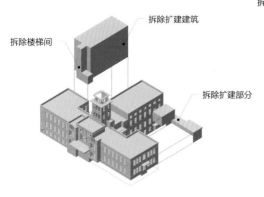

拆除楼梯间

拆除扩建建筑

拆除扩建部分

2 在拆除的过程中实现建筑的轻量化，修补结构体，并得到解决混凝土中性化的方法

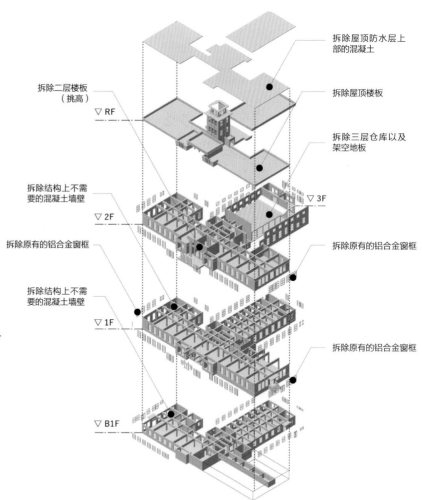

拆除屋顶防水层上部的混凝土

拆除屋顶楼板

拆除二层楼板（挑高）

▽ RF

拆除三层仓库以及架空地板

拆除结构上不需要的混凝土墙壁

▽ 2F

▽ 3F

拆除原有的铝合金窗框

拆除原有的铝合金窗框

拆除结构上不需要的混凝土墙壁

▽ 1F

拆除原有的铝合金窗框

▽ B1F

3 抗震加固

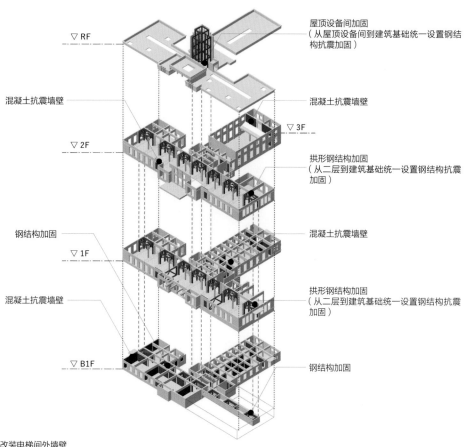

▽ RF

屋顶设备间加固
（从屋顶设备间到建筑基础统一设置钢结构抗震加固）

混凝土抗震墙壁

混凝土抗震墙壁

▽ 2F

▽ 3F

拱形钢结构加固
（从二层到建筑基础统一设置钢结构抗震加固）

钢结构加固

混凝土抗震墙壁

▽ 1F

混凝土抗震墙壁

拱形钢结构加固
（从二层到建筑基础统一设置钢结构抗震加固）

▽ B1F

钢结构加固

4 重新设置外部装修

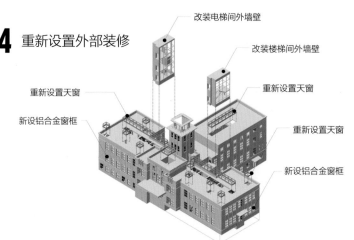

改装电梯间外墙壁

改装楼梯间外墙壁

重新设置天窗

重新设置天窗

新设铝合金窗框

重新设置天窗

新设铝合金窗框

5 改造完成

POINT / 2

拆除扩建部分，扩建连廊，使建筑恢复到当初建设的状态

▲ 改造前的北侧外观

▲ 改造前的西侧外观

▲ 改造前的南侧外观

▼ 改造后的西侧外观

AFTER

▲ 改造后的北侧外观

▼ 改造后的南侧外观

BEFORE

▲ 改造前。从一层门斗向西侧观察的照片
▼ 在拆除施工中，装饰材料被拆除后的状态
► 改造后。二层楼板拆除，形成挑高的空间

POINT 3

考虑到作为图书馆的改造案例，为了不打断连续的内部空间，不采用抗震墙体，而采用钢结构斜撑

▲ 南北方向的剖面效果图

▼ 加固施工中的状态

通过钢结构斜撑进行加固的概念

在设计中，我们没有采用将空间划分开的混凝土抗震墙壁的加固方式，而是采用钢结构加固的方式。钢结构相比混凝土更轻，并且对于抗震更为有效。并且，在日本钢铁产业的发源地——户畑地区，这一设计手法也是适用的。

拱形钢结构内部结构加固

STUD2- φ 19@150
C.ANC 1-D19@150
螺旋钢筋 φ 69@50（直径160）
原有钢筋与新设钢筋焊接后，
填装混凝土

为了对钢筋进行熔接，在结构体上设置开口，熔接后再用混凝土填装

S.PL-9 × 200 × 85
HTB 3-M20

STUD1- φ 19@150
儿童图书室 t=150

2R.PL-9 × 50

PL-22

2R.PL-9 × 50

R=1788

R=3005

SG1

250
50
22

PL-25 × 250

B □ -300 × 300 × 28(SN490B)

新设楼板

B □ -300 × 300 × 28(SN490B)

为了对钢筋进行熔接，在结构体上设置开口，熔接后再用混凝土填装

▽ 1F FL
△ 1F SL

STUD1- φ 19@150
儿童图书室 t=150

H-600 × 200 × 11 × 17

SG3
F:PL-12 × 200 × 410
HTB 12-M22
2PL-12 × 80 × 410
W:2PL-9 × 440 × 290
HTB 20-M22

PL-22

PL-22

仓库 1

B □ -300 × 300 × 25
(SN490B)

B □ -300 × 300 × 25
(SN490B)

▽ BF FL
△ BF SL

STUD3- φ 22@170

STUD3- φ 22@170

FG9
900

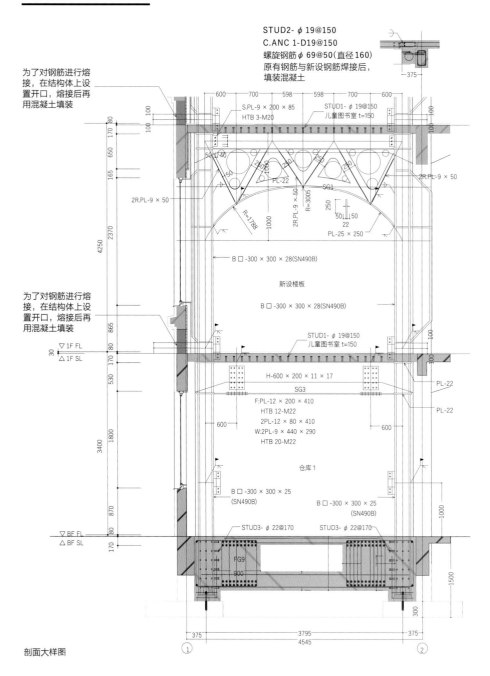

600 700 598 598 700 600

100

80
170
100
650
165
2370
4250

865
530
80
30
170
1800
3400
870
80
170

100

100

1500

300

375 3795 375
4545

① ②

剖面大样图

由独立基础转变
为箱型基础

STEP **2**

由吊车吊入钢结
构的柱体

STEP **3**

为了对钢筋进行
熔接，在结构体
上设置开口，在
熔接后再用混凝
土填装

通过在设计之前进行的调查，可以判断出原有建筑的结构体系十分脆弱。改造后，地震产生的力并不会作用在原有结构体，而是通过新设置的拱形钢结构导入地面。此外，也没有将拱形钢结构与原有的柱子进行连接，而是通过加固后的梁对地震力进行传导。而且梁为斜撑状，使得柱子的断面变大，从而提高了新设置的柱子的刚性。原有建筑通过与地面接触面积较小的直接基础与地面相连接，我们进一步地将其改为箱型基础，扩大了基础与地面的接触面积，于是基础的安全性能得到了提升。我们拆除了建筑的扩建部分，拆除了屋顶上原有的防水混凝土，在建筑内部设置挑高空间，等等，从而使得原有建筑的重量得以减轻，而抗震性能得到提高。

通过开发并采用拱形钢结构的加固手法，完成了结构的更新。

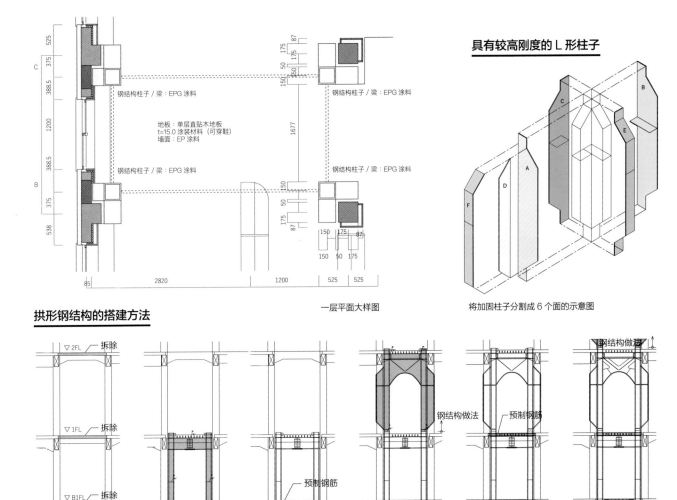

具有较高刚度的 L 形柱子

钢结构柱子 / 梁：EPG 涂料

地板：单层直贴木地板
t=15.0 涂装材料（可穿鞋）
墙面：EP 涂料

钢结构柱子 / 梁：EPG 涂料

钢结构柱子 / 梁：EPG 涂料

钢结构柱子 / 梁：EPG 涂料

一层平面大样图

将加固柱子分割成 6 个面的示意图

拱形钢结构的搭建方法

STEP 1
拆除各层的楼板

STEP 2
在地下一层进行钢结构搭建

STEP 3
设置基础梁与楼板的钢筋

预制钢筋

STEP 4
在一层进行钢结构搭建

钢结构做法

STEP 5
一层楼板的钢筋预置

预制钢筋

STEP 6
在二层进行钢结构搭建

钢结构做法

新设置挑高空间与天窗，提高建筑性能

AFTER

AFTER

▲ 改造后。挑高的部分以及二层
▼ 改造后。一层的咖啡自助餐厅
► 改造后。拆除一部分二层楼板后形成的挑高

◄ 改造后。二层的图书室。坐在氛围良好的窗边，可以望到窗外景色

BEFORE

AFTER

▲ ➤ 改造后。二层的图书室。新设置天窗，限制了书架的高度，于是形成能见度高、相对通透的空间

▲ 改造后。在二层的图书室仰望
➤ 改造后，二层的图书室。拆除三层的楼板，顶棚升高产生出悠然的空间感。尽头的墙壁上安装的镜子使得空间纵深感得到体现

▲ 改造前的三层。原本作为仓库使用，我们将其楼板拆除

地下一层

AFTER

改造后的地下一层平面图
比例尺 1：500

抗震墙体

钢结构加固

BEFORE

原有地下一层平面图
比例尺 1：500

一层

AFTER

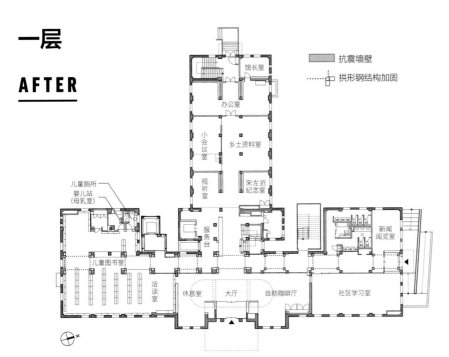

抗震墙壁
拱形钢结构加固

馆长室
办公室
小会议室
乡土资料室
视听室
宋左近纪念室
儿童厕所
婴儿站
(母乳室)
服务台
新闻阅览室
儿童图书室
洽谈室
休息室
大厅
自助咖啡厅
社区学习室

▲ 改造后。儿童图书室

BEFORE

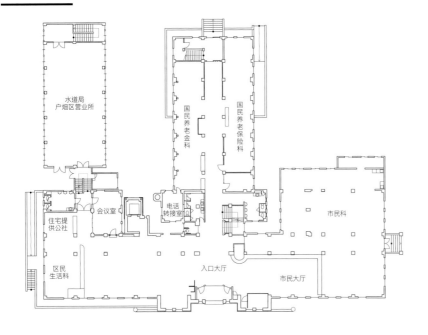

水道局户畑区营业所
国民养老金科
国民养老保险科
会议室
电话转接室
住宅提供公社
市民科
区民生活科
入口大厅
市民大厅

▲ 原有结构体中 350mm×350mm 的柱子以及 190mm×240mm 的梁等，是相当奢侈的结构体。为此，我们新设置了柱子，而不通过原有柱体传导地震力

二层

AFTER

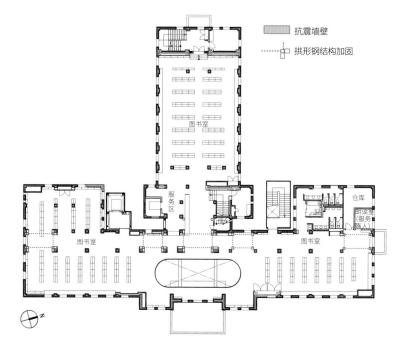

抗震墙壁

拱形钢结构加固

图书室

服务区

仓库

朗读室（服务育人）

图书室

图书室

N

BEFORE

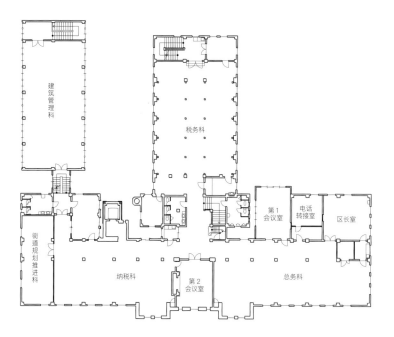

建筑管理科

税务科

街道规划推进科

纳税科

第2会议室

第1会议室

电话转接室

区长室

总务科

AFTER

▲ 二层：图书室。中间部分挑高
▼ 一层：中央走廊的内侧是儿童
图书室，左手边是休息间，右手
边是前台

关于户畑图书馆

本建筑于 1933 年作为户畑区政府机关而建成。1963 年，五市合并后形成北九州市。作为第一座主政厅建筑，小仓北区城内的北九州市新政厅自建成至今被使用了 9 年。在那之后，本建筑又作为户畑区政厅被使用，并且得到了区民与市民的喜爱。2007 年户畑区新政厅落成，这个政厅被闲置了下来。

原有建筑是在《建筑基准法》实施之前竣工的。对于混凝土的质量、钢筋的状况以及结构体的状况要有一定的了解，这是这次设计的大前提。在调查原有建筑的基础上，伴随着抗震加固的同时，对建筑进行改造设计。首先，在图纸上恢复建筑的原貌，拆除内部增加的楼板，对建设之初的原始空间状态有大致的把握后进行作业。在此之后，以调查结果为基础，对抗震加固等数个方案进行探讨。原有的户畑区政府简约质朴，屋顶设备间表面覆盖着厚重的带有肌理的装饰砖。我们为了保存建筑这独特的外观，采用了不在建筑外部实施抗震加固，而只在内部实施的方法，确保了建筑的抗震性能这一主要目标的实现。在几个方案中，对建筑的结构层面、设计层面以及相对重要的功能层面等进行考量，之后将重点放在图书馆的功能能否得到充分实现这一点上。

关于结构加固的方法，我们与结构设计师金箱温春先生进行了多次探讨。起初，建筑结构抗震的方案也曾被提起过，由于建筑的柱子过多，以及对建筑成本的考量，我们放弃了这一方案。

在对基本构想的探讨中，在脑中浮现出初次见到伊东丰雄先生设计的仙台媒体中心时的印象。圆筒状的钢结构加固体设置在建筑内部，用以承担在地震时所产生的水平应力。我们考虑将原有的外墙壁作为剪力墙，这样可以确保结构得到充分的加固，因而在建筑内设置了多处抗震墙壁。最后，我们用这个方案向市政厅进行报告，并最终确定了这个设计方案。

在那之后，便进入了建筑物的调查阶段。我们了解到，地表的硬度偏低，需要集中加固材料以及对建筑基础加固，于是我们一面进行可谓从头开始的施工作业，一面在中央走廊的部分插入一列四角抗震斜撑，使得水平力得到支撑。我们称它为拱形钢结构加固。

原有建筑始建于 1930 年代，那时正是建筑样式由新艺术向装饰艺术过渡的时期，是铸铁、铁等作为建筑材料被大量使用的时代。最新的建筑样式和建筑材料相融合，以在设计中体现出历史感。尽管我们对这个建筑皇冠般的外形并不能十分理解，但是包括我在内，都认为这个诞生于建筑样式转换时期的建筑有着深刻的意义，因为我们对此也进行了深入的思考。在户畑地区的周边有"新日住金"公司，并且在不远处还有八幡制铁所，旧时的户畑区政府是工业城市的工业居住区最为鼎盛时期的建筑物。在建筑至今为止所增加的历史性以外，我们还想赋予建筑更新的层面，我们认为作为加固材料的拱形钢结构正适合这一新的层面。

青木茂

▼ 二层：原税务科。现在将三层的楼板拆卸后作为开架图书空间

BEFORE

日式酒家、具有 80 年历史的大型木结构建筑的改造

三宜楼

Sankirou

　　这座建筑位于门司港，作为日式酒家，是具有象征性的大规模木结构建筑。改为住宅使用后，随着房屋被空置，存在被拆除的危险，但由于市民的强烈意愿，建筑被恢复。改造时，将腐蚀严重的部分拆解，并对其实施加固，实现了再生。我们不单单使建筑的原有设计得以复原，为了使人能够更深切地感受到建筑的木质结构，还设计了木结构外露的挑高空间。

"Refining" 80-year- old Large Wooden Building

This large wooden building was Ryotei (a high-class Japanese-style restaurant) and a symbol of Moji port. It became unoccupied and in danger of demolition, but enthusiasm of local people saved this building. We removed seriously corroded parts and reinforced the whole building. While the original design was restored, we aimed for a wooden building that people can "sense"; creating a space in well hole style to show the structure.

BEFORE

AFTER

▲ 竣工时的样子　▼ 改造前
► 改造后。虽然外观还保留了当年的影子，但是周边的情况已经发生了很大的变化

AFTER

① 实现了历史价值的保存
② 确保安全性
③ 木结构建筑的历史传承

三宜楼

三宜楼坐落于门司港地区最为繁华的街区，站在荣町商业街拱顶的出口处向上望去，建筑临街的部分便映入眼帘。三宜楼的梁上面写着"栋梁 冈田孙治郎"，冈田是门司当地有名的木匠。在建筑北侧的道路将要连接东侧道路的地方，在右手边显现出楼梯，沿梯而上可到达建筑的正门。正门为铺瓦的切妻式屋顶，通过这个小门稍稍向里走，便来到有着入母式屋顶 *的建筑主入口。

建筑的二层以大厅为中心，总共建有3层。进入玄关，迎面是1间铺着木地板的走廊，走廊的右侧（北侧）是经营者使用的房间，左侧（南侧）是料理师的房间。玄关处有一宽为2间，进深为1.25间的玄关式台，兼有供客人换鞋以及迎送客人之用。从玄关大厅通向二层的楼梯宽4尺5寸。这部宽敞的楼梯将众贵宾带到大厅，其他内侧楼梯的宽度只有半间。料理室（25帖）内，在地面没有装饰的部分放置了冰箱和保温箱。

二层大厅的面积有64帖（宽4间，进深8间），在东端设置宽为4间的床之间 **。在安装大厅和纸拉门的北侧有宽为半间、铺设木板的侧廊，侧廊与铺有榻榻米的大厅可以连通使用。侧廊的外侧嵌有玻璃窗，门司港市街与关门海峡的景色在此一览无遗。

除了女佣的房间外，三层的日式房间都设有前室，可以提供人数较少的宴会使用。特别是带有侧廊的4号房间，可以眺望到关门海峡，留下了许多名人在此留宿的照片。

（参考文献：旧料亭"三宜楼"基础调查报告书，北九州市，2007年3月）

* 切妻式与人母式都是日本传统建筑的屋顶形式。——译者注
** "床之间"是日式住宅中用于放置装饰品的地方。——译者注

▲ 从正门看向玄关

上：◀ 北侧道路，向东观看　▶ 从荣町商店街看到的三宜楼　中：◀ 正门　▶ 北侧道路一侧的庭院
下：◀ 东侧日式房间的前庭院　▶ 一层北侧的房屋

◀ 一层中部走廊右侧的配膳室
▲ 一层的料理室
▶ 一层的浴室
▼ 玄关式台

◀ 二层的大厅、舞台
▲ 二层配膳室
▶ 二层大厅的床之间（走廊侧）
▼ 二层大厅（缘侧方向上）

◀ 三层东北角的日式房间床之间
▲ 三层中部走廊
▶ 从三层走廊的下地窗看日式房间
▼ 三层西北角的日式房间床之间

POINT / 1

实现了历史价值的保存

BEFORE

▲➤ 透过玄关看走廊

AFTER

▲▼ 改造后的玄关、大厅、走廊、楼梯

AFTER

匠心独具的一层玄关

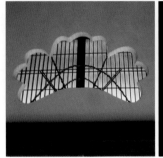
▲ 镶嵌磨砂玻璃的下地窗

▲ 明窗（采光用）

▼　一层的日式房间。各房间中的栏间 * 与床之间等元素不尽相同

AFTER

*　栏间指日式房间的推拉门和房顶之间用于装饰的部分。——译者注

二层的能剧舞台大厅

AFTER

◀ 64 帖大小的大厅舞台的对面　▲ 大厅、舞台　▼ 舞台的对面

BEFORE

▲ 二层大厅的宽走廊（改造后），增加了加固墙壁
▼ 大厅、宽走廊

▼ 竣工时的样子

BEFORE

三层的高规格客房

三层的日式房间的客厅：▲➤ 改造后

▼ 改造前

BEFORE

AFTER

屋顶平面图

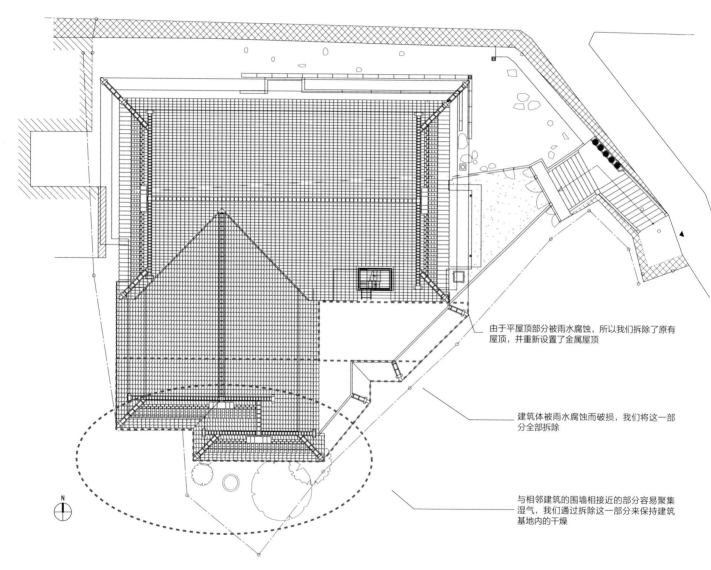

由于平屋顶部分被雨水腐蚀，所以我们拆除了原有屋顶，并重新设置了金属屋顶

建筑体被雨水腐蚀而破损，我们将这一部分全部拆除

与相邻建筑的围墙相接近的部分容易聚集湿气，我们通过拆除这一部分来保持建筑基地内的干燥

N

BEFORE

屋顶平面图（改造前）比例尺 1：250

一层

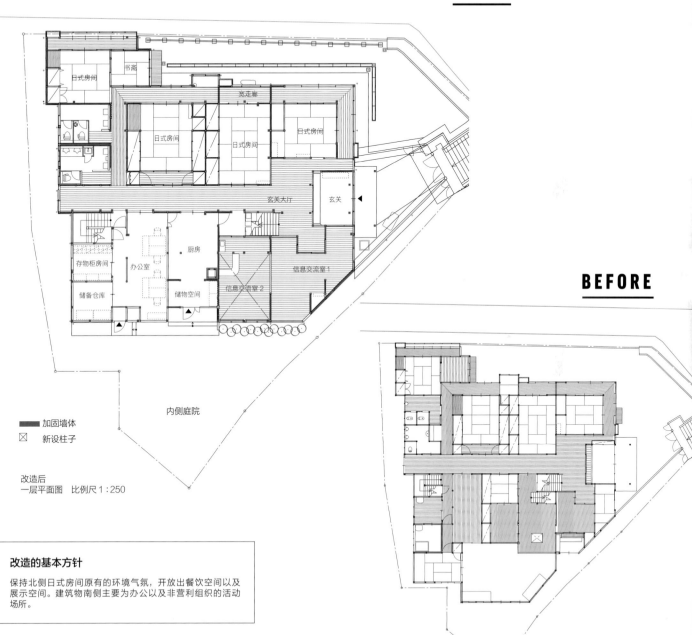

日式房间　书斋　宽走廊　日式房间　日式房间　日式房间　玄关大厅　玄关　存物柜房间　办公室　厨房　储备仓库　储物空间　信息交流室 2　信息交流室 1　内侧庭院

■ 加固墙体
⊠ 新设柱子

改造后
一层平面图　比例尺 1：250

改造的基本方针

保持北侧日式房间原有的环境气氛，开放出餐饮空间以及展示空间。建筑物南侧主要为办公以及非营利组织的活动场所。

二层

AFTER

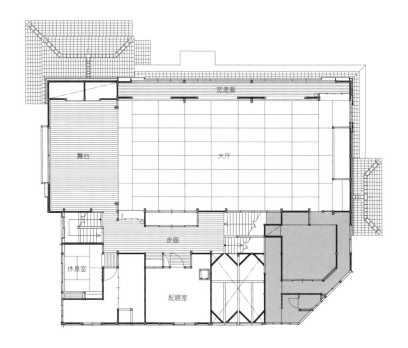

宽走廊

舞台

大厅

走廊

休息室

配膳室

■ 抗震墙壁
⊠ 新设柱子
▨ 非公开部分

改造后
二层平面图　比例尺 1：250

BEFORE

改造的基本方针

- 拆掉腐蚀严重的地板，设置为挑高空间。
- 对 64 帖大小的大厅，保持原有的环境氛围。
- 设置在大厅举行活动时所需的休息室。

三层

AFTER

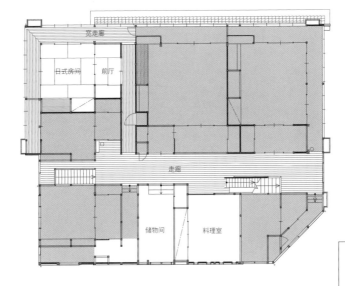

宽走廊

日式房间　前厅

走廊

储物间　料理室

- ■ 抗震墙壁
- ☒ 新设柱子
- ▨ 非公开部分

改造后
三层平面图　比例尺 1：250

改造的基本方针

- 我们保存了曾经被高滨虚子写诗吟诵过的三层西北角的日式房间。
- 对木匠运用当时技术制作的落地窗、格窗、神龛，我们尽可能地保存下来。

BEFORE

BEFORE

▲ 南侧外观

POINT **2** 确保安全性

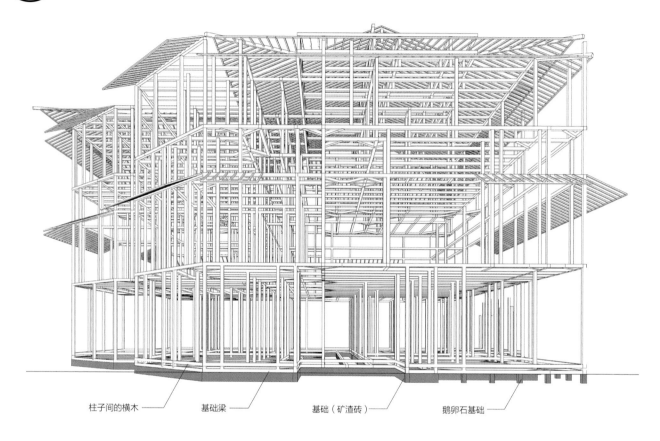

柱子间的横木 —— 基础梁 —— 基础（矿渣砖）—— 鹅卵石基础

改造的基本方针

经过多年后建筑劣化的问题

1 因雨水渗透而被腐蚀

2 被白蚁啃食

3 被建筑自重挤压导致的变形、损坏

↓

存在危险的部分

结构的问题

1 缺少用于防止建筑变形的垂直水平梁支撑

2 没有通天柱

3 上下柱体不能衔接，造成抗震性能差

对策

1 带状基础变为箱式基础
　① 设置混凝土的箱式基础
　② 填埋原有柱础
　③ 以原有基础的高度为限灌入混凝土

2 为了提高抗震性能，新设抗震墙壁并提高楼板的刚性

3 进行部分拆除

▲ 一层信息交流室周边的施工作业

▲ 钢结构支撑的独立基础

▲ 楼板加固施工

▲ 梁加固施工

POINT
/3

木结构建筑的历史传承

二层楼板的一部分被拆除后，形成新的露出木架构的挑高空间，可以直接看到屋顶的木结构构架

AFTER

BEFORE

▲ 改造前的料理室及配膳室
◀ 一层信息交流室（改造后）

▲ 一层信息交流室。拆掉二层楼板的一部分，形成挑高空间

AFTER

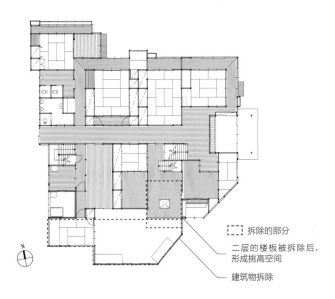

拆除的部分

二层的楼板被拆除后，
形成挑高空间

建筑物拆除

关于三宜楼

原有建筑是于昭和六年（1931年）竣工的木结构3层高规格的料理酒家，坐落于能够俯视门司港的高台之上。门司港是大正时代与昭和时代初期作为九州地区"门户"的贸易港口，曾繁荣一时。其中不仅设置了能剧舞台、客房，而且并没有因为面积小而省略庭院。随着时间的流逝，不得已面临着关店的现状。尽管如此，当地的人们依然十分喜爱这座建筑，于是促使非营利组织展开保护建筑的各种活动，一方面通过购买，从房地产企业取得了土地与建筑所有权，之后又无偿转让给北九州市，以至于有了这次对三宜楼进行有效再利用改造的缘由。

众所周知，门司港是九州铁路的起始点，在其对岸的长州藩的土地上发生过严流岛之战，作为历史转折点的舞台，占据着十分重要的位置。从这个建筑物的三层可以眺望到关门海峡，在此地不知不觉地怀念那一段历史的人，相信不只是我一人而已。

建筑的围墙之上，耸立着城楼般的建筑体，值得注意的是被叫作"百帖间"的大厅。这个实际意义上的大厅（日语：广间）是这个建筑的重要部分。在与户畑区政府同时代的北九州市政府的改造中，我们没有过多考虑，便签下合同，并依据合同对三宜楼进行设计。这是我们第一次对3层木结构建筑进行抗震加固，同时对其改造，因此进行了反复的试验。起初如右图所示，我们想将建筑抬高后将混凝土墙壁设置到一层的梁为止。我们希望通过防止过度腐蚀导致的建筑倒塌来延长建筑的寿命，而结构设计师提出的方案是利用钢结构对建筑进行加固。经过探讨后，我们采纳了后者。另一方面，我们希望不完全保存建筑的原貌，而是插入新的元素。于是，由此产生了3组提案。通过召开会议，向当地居民进行说明，我们了解到大家希望维持建筑现有的形态，并且在内部也尽可能不添加新元素，使人们对于建筑的印象完全不发生改变。经过一番激烈的讨论，最终约定这次设计尊重大家的想法。碰巧的是，那次会议被当地的电视台录制，对谈的过程被全程播放。而对于我来讲，考虑资金在内的话，实在是一个艰难的选择。

我们将建筑北面室内湿气很重的一部分拆除掉，并且拆掉一个房间的楼板，形成可以看到屋顶的木结构构架。除此之外，都是根据原状而进行改造。考虑到采用钢结构进行加固将超出预算，为了减轻建筑对地面的压力，以及满足石质基础的承重，对地面进行了改造，对建筑进行了轻量化处理。以上是经过判断得出的结论。

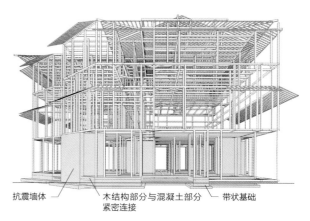

抗震墙体　　　　　　木结构部分与混凝土部分　　带状基础
　　　　　　　　　　紧密连接

▲ 设计之初考虑的合理利用混凝土的方案

▲ 竣工时的大厅

此后与承包工程的土木公司探讨的结果是，以木结构建筑抗震标准进行加固，最终实现了设计方、土木工程方、市政厅方三方的认可，开始施工。

在预算方面，我们对于除了高滨虚子曾经用诗句吟诵过的房间以外，三层房间都不进行内部整修，达成了一致。这所建筑由于停用过一段时间，室内水平高差达到了600mm，对这一问题的修整工作，我们感觉到十分吃力，最终在与当地土木公司工人们的齐心努力下，将高差缩小到20mm，完成修整工作。

外部装修与内部装修部分，进行尽可能与原貌接近的施工。屋顶部分，除了对北侧的瓦片进行再利用，其余全部进行更新，从而确保了建筑的轻量化。关于内部装修，尽量尊重在当初建设时深受居民喜爱的建筑原貌，从细节上进行了充分的考量，对还在使用的原有门窗全部进行再利用。虽然最初考虑的结构加固方法以及改造手法等，对于建筑产生了新的价值观，但由于要衡量维持建筑原貌与预算的关系，基本没能实现。反倒是通过这个项目，使我意识到传统建造手法的趣味性，是一次愉快的工作经历。这个建筑也能像户畑图书馆一样，可以得到更多人的喜爱。能够承接这一任务，内心也十分感激。

青木茂

以通用性与更新性为目标的
商业建筑的改造

涩谷商业楼

Shibuya Building for Rent

　这是一个将位于市中心的店铺改造成具有市场价值且有较长使用寿命的建筑的案例。依照新的建筑法规，建筑拆掉重建后必须将外墙后退，但如果进行改造，就可以使得租金较高的位于一层的店面的面积不会损失。在取得了"检查完成证书"之后，我们针对整体已经变得老朽与陈旧的建筑框架，进行垂直动线的改造与更新，在建筑中插入电梯井道，对于外部装修也进行了相应的翻新，取得了将来店铺更替所需要的通用性与更新性。

"Refining" of Tenant Building to Gain Versatility and Modifiability

A tenant building in the downtown area revived as a long-life building with high market value. In the case of rebuilding, the floor area should be reduced, so we decided to keep the area of lower floors that are higher in rent, and got a Certificate of Inspection. By inserting the facilities shafts and open staircase to the aged structure and refreshing the exterior, the building now acquired versatility and modifiability to be flexible for the future replacement of tenants.

AFTER

涩谷商业楼 / 改造的 POINT

① 整理"既存不适格"的各个项目,使其取得"检查完成证书"

② 对陈旧的建筑结构进行更新

③ 为了使店铺便于更替,提高建筑的通用性与更新性

BEFORE

AFTER

规划概述

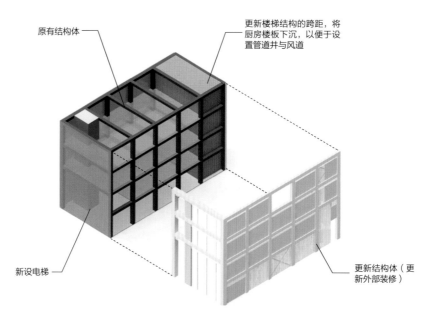

原有结构体

更新楼梯结构的跨距，将厨房楼板下沉，以便于设置管道井与风道

新设电梯

更新结构体（更新外部装修）

本项目是对于新宿车站附近的店铺商用楼进行的改造。建筑建成之时就被委托人所拥有，至今已40年，建筑已经变得老朽与陈旧。业主将租赁的店家退租后，关于对建筑进行新建还是改造，与我们进行了商谈。

基地位于步行1分钟就能到涩谷站的好地段。但是根据涩谷区的规划，如果将建筑拆掉重建的话，外墙面需要留出与用地线1米的距离。这样一来，单位面积租金较高的建筑低层的面积会减少。因此，委托人为了维持原有建筑形态而选择了对建筑进行改造。

由于是大规模的建筑改造的施工作业，原有建筑的合法性必须得到证明，但是原有建筑改造在相关法律上不能确定的地方很多。于是我们查阅了保留下来的大量历史资料，并进行了对建筑结构的调查以及对原有建筑图纸的复原等工作，将能判定"既存不适格"的相关信息进行整合，与政府的协议相吻合，使得确认申请得到受理并取到检查完成证书。

为了对已经陈旧的建筑进行改造，我们将原有外装拆除后重新装修，进行抗震加固，将楼梯拆除后重新设置，并进行了全部建筑设备的翻新等工作。改造不仅仅使建筑得到了与新建筑同等的合法性与抗震性能，还使建筑维持了新建所不能维持的原有形态。

我们对改造的预想是，恢复以前退租的商家以及他们对建筑的使用，也就是以原有的方式对建筑加以使用，但实际上在设计的时候并没有确定入驻的商家。于是，能够面对广泛需求的通用性与新商家不需要额外施工就可入驻的可更新性就成为这个项目的目标。为了达到这个目标，在重新设置楼梯的时候，必须将其结构部分的小梁全部拆除，不单单是楼梯部分，而是将与结构相连的大部分楼板一并拆除，之后为了用作预想的饮食店的厨房，重新设置下沉楼板。而且，为了使建筑不越过用地界线并同时能够设置厨房排风井道，对于有高差的楼板，部分采用了干式施工方法。其他部位的施工也是在考虑了将来商家施工的情况下进行的。

我们期待，像这样通过设计使得老朽、陈腐的框架型建筑在维持市场价值的方式，能够普及到一般的市场之中，在全日本建筑迎来更新的时期，成为对原有资产进行活用的一个方法。

AFTER

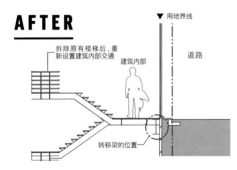

拆除原有楼梯后，重新设置建筑内部交通

建筑内部

▼ 用地界线

道路

转移梁的位置

BEFORE

▼ 用地界线

建筑内部

道路

▼ GL

越界的楼梯

▲ 为了消除次入口处地面与路面的高差，将楼梯设置在基地外，并且变更了梁的位置

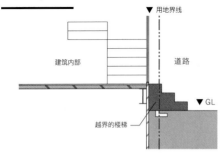

AFTER

BEFORE

AFTER

BEFORE

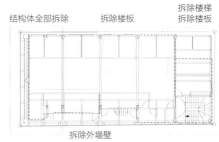

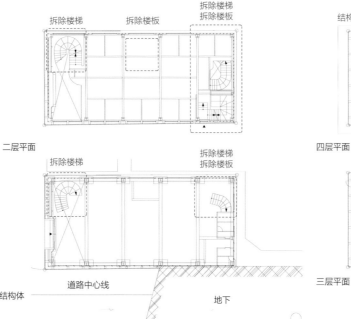

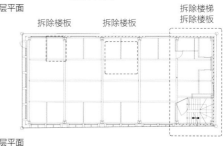

拆除楼梯　　　拆除楼板　　　拆除楼梯　拆除楼板

二层平面

拆除楼梯　　　　　　　拆除楼梯　拆除楼板

结构体全部拆除　　　拆除楼板　　　拆除楼梯　拆除楼板

拆除外墙壁

四层平面

拆除楼板　　　拆除楼板　　　拆除楼梯　拆除楼板

三层平面

道路中心线

地下

一层平面　比例尺 1 : 800

原有混凝土结构体

轻量混凝土、混凝土砖结构体

钢结构拉条

BEFORE

AFTER

为了设置电梯，拆除楼板　　　为了设置楼梯，拆除楼板

用干式楼板填封预设的楼梯开口

三层平面

三层平面

为了重新设置楼梯，下沉楼板，拆去设备空间部分楼板与楼梯

拆除楼梯

拆除楼梯

扩建

一层平面

地下

一层平面　　预设楼梯

地下

扩建

私有部分

公共部分

新设干式楼板

新设混凝土楼板

扩建

拆除

AFTER

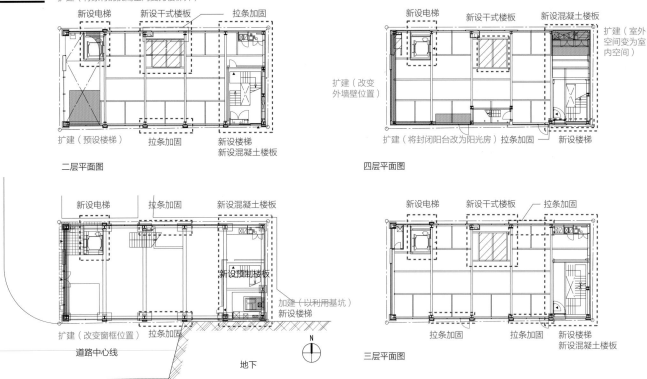

扩建（将原有的挑高空间变为楼梯井）

新设电梯　新设干式楼板　拉条加固

扩建（预设楼梯）　拉条加固　新设楼梯　新设混凝土楼板

二层平面图

新设电梯　新设干式楼板　新设混凝土楼板

扩建（室外空间变为室内空间）

扩建（改变外墙壁位置）

扩建（将封闭阳台改为阳光房）　拉条加固　新设楼梯

四层平面图

新设电梯　拉条加固　新设混凝土楼板

新设预制楼板

加建（以利用基坑）新设楼梯

扩建（改变窗框位置）　拉条加固

道路中心线

地下

一层平面图　比例尺1：800

N

新设电梯　新设干式楼板　拉条加固

拉条加固　拉条加固　新设楼梯　新设混凝土楼板

三层平面图

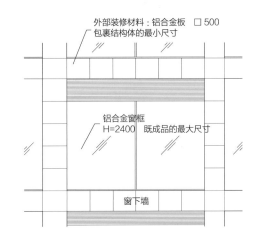

外部装修材料：铝合金板　□500
包裹结构体的最小尺寸

铝合金窗框
H=2400　既成品的最大尺寸

窗下墙

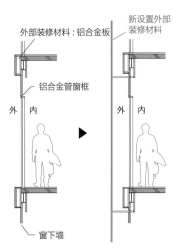

外部装修材料：铝合金板

新设置外部装修材料

铝合金管窗框

外　内　外　内

窗下墙

能够安装既成品的立面

- 按照最大限度的既成品设置的开口
- 用于包裹结构体的最小尺寸的金属板
- 可以拆卸的外部装修材料（窗下墙）

▲➤ 拆除坡度大的楼梯，换用坡度较缓的开放式楼梯（如上图）。考虑了出租整栋建筑的情况下客人的动线

AFTER

▲ 面向电梯的出口处的各种变化，可以满足各种需求。可以将预制楼板去掉，由商家自行设置楼梯

POINT 3 为了使店铺便于更替，提高建筑的通用性与更新性

1 设置电梯

通过取消阳台与改变电梯出口处，变换空间构成

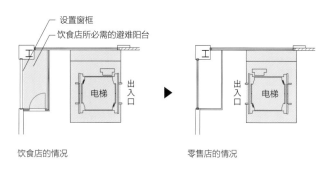

饮食店的情况　　　　　　零售店的情况

2 新设置下沉楼板

将来设置水管道的时候，顶棚高度不至于被降低

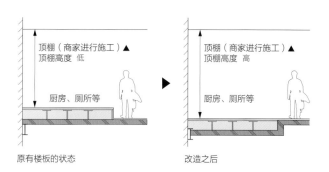

原有楼板的状态　　　　　　改造之后

▲ 留待日后用作厨房和厕所的空间，为了设置管道以及隔油池而设置下沉楼板

3 设置内部配管管道

设备管道设置在与相邻建筑之间的狭小空间中，除了雨水导管，全部设置在室内
事先分配各层的设备空间，可以防止将来设置排风道时互相干扰，也能避免超出用地范围

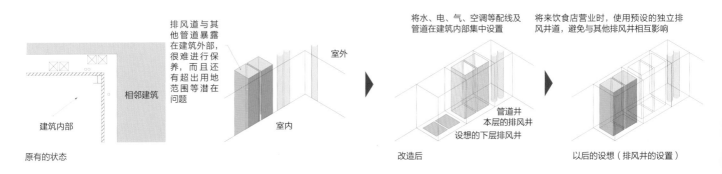

在没有休诊的情况下，改造
设置病床的诊疗所

高野胃肠科医院

Takano G.E Hospital

高野胃肠科医院是一所服务于社区的医院，其建筑是一座建成 35 年的 3 层混凝土建筑。在改造过程中，由于院长不希望停止医院的诊疗工作，而进行了几次搬挪，在使用的同时完成了改造施工。

由于建筑采用的是旧抗震标准，因此需要进行抗震加固，以符合新的抗震标准。此外，还对常年连续使用的设备进行改修，使内部构造改头换面，通过加设电梯实现无障碍设计，并且在提出确认申请后得到了"检查完成证书"。总的来说，本项目是一个医疗设施改造的理想案例。

"Refining" Clinic without Closing

The "Refining" construction work of this medical office with hospitalization facilities, a 36-year-old reinforced concrete structure of 1,000 square meters, was carried out without stopping operation. We made a detailed plan of construction process including the schedule of moving and the scope of work, as well as the earthquake resisting reinforcement and barrier free renovations. Thus this is the most suitable solution of the process of construction in terms of workability, construction costs and better environment for medical care.

高野胃肠科医院／改造的 POINT

① 使用的同时进行改造施工

② 判断扩建部分是否违规，确保其合法性

③ 通过抗震加固，确保其安全性

④ 通过设置电梯等方式，实现无障碍设计

AFTER

BEFORE

▲ 改造后。高出的部分是扩建的电梯
▼ 改造前
► 改造后。入口周围焕然一新，扩建了电梯

AFTER

POINT 1 使用的同时进行改造施工

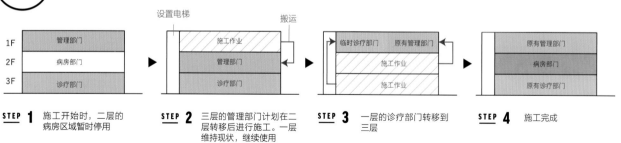

设置电梯　　搬运

| | STEP 1 | STEP 2 | STEP 3 | STEP 4 |

STEP 1 施工开始时，二层的病房区域暂时停用

STEP 2 三层的管理部门计划在二层转移后进行施工。一层维持现状，继续使用

STEP 3 一层的诊疗部门转移到三层

STEP 4 施工完成

使用的同时进行施工的时间表（STEP 5~8）

经过对时间节点的细致讨论后，制成的进度图

临时使用申请（临时使用电梯）

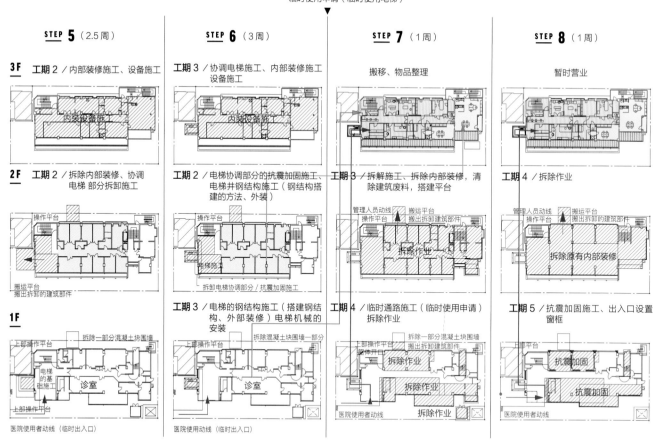

STEP 5（2.5周）　　**STEP 6**（3周）　　**STEP 7**（1周）　　**STEP 8**（1周）

3F
工期 2／内部装修施工、设备施工
工期 3／协调电梯施工、内部装修施工 设备施工
搬移、物品整理
暂时营业

2F
工期 2／拆除内部装修、协调电梯 部分拆卸施工
工期 2／电梯协调部分的抗震加固施工、电梯井钢结构施工（钢结构搭建的方法、外装）
工期 3／拆解施工、拆除内部装修，清除建筑废料，搭建平台
工期 4／拆除作业

工期 3／电梯的钢结构施工（搭建钢结构、外部装修）电梯机械的安装
工期 4／临时通路施工（临时使用申请）拆除作业
工期 5／抗震加固施工、出入口设置窗框

1F

医院使用者动线（临时出入口）　　医院使用动线（临时出入口）　　医院使用者动线

POINT / 2

判断扩建部分是否违规，确保其合法性

在建成后的 36 年间，进行了多次扩建，包括没有得到相关机构确认的部分。我们对未得到确认的扩建部分，在这一次的改造中进行了确认申请，并使其符合了现行法规

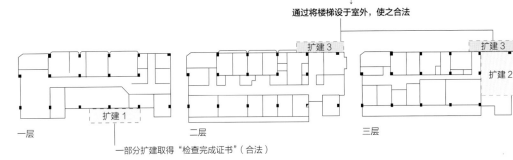

BEFORE

▲ 改造前。由于将外部楼梯改为室内部分，使得建筑面积增加

原有建筑的扩建过程

由于将楼梯改在室内而导致建筑面积增加部分没有取得"检查完成证书"（不合法）

↓

通过将楼梯设于室外，使之合法

扩建 3

扩建 3

扩建 2

将阳台改为室内部分，使得建筑面积增加，结构耐久性没有被确认，在法规上也没有取得"检查完成证书"（不合法）

对结构耐久性与建筑面积进行确认申请，使其合法化

一层　　　　　二层　　　　　三层

扩建 1

一部分扩建取得"检查完成证书"（合法）

▼ 改造后。外部楼梯的围合被拆除，使建筑符合法规

AFTER

改造的分析图

0 原有建筑

屋顶

三层

二层

一层

1 拆除三层以及电梯

拆除屋顶不需要的部分，从而实现建筑的轻量化

拆除不需要的墙体

为了设置电梯进行拆除

诊疗进行中

2 设置电梯、抗震加固

抗震加固以及临时内部装修

设置电梯

原有建筑

搬挪

抗震加固

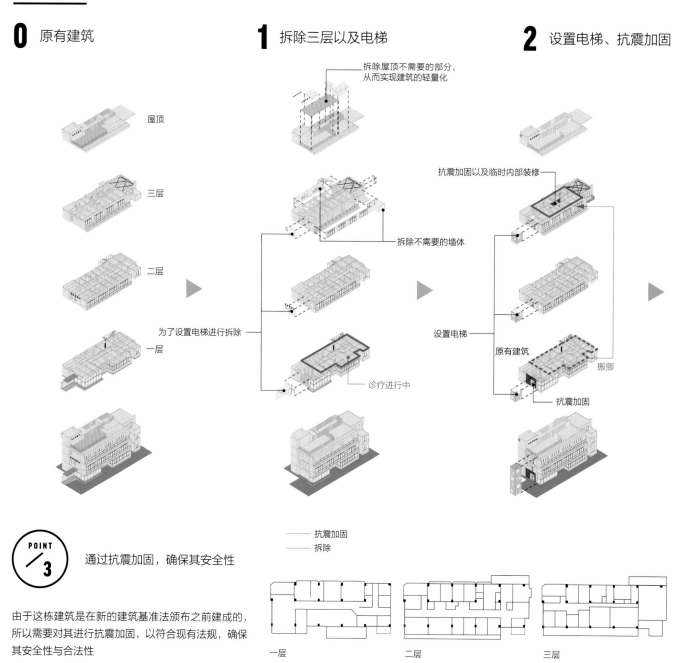

POINT / 3

通过抗震加固，确保其安全性

由于这栋建筑是在新的建筑基准法颁布之前建成的，所以需要对其进行抗震加固，以符合现有法规，确保其安全性与合法性

——— 抗震加固
——— 拆除

一层

二层

三层

3 拆除一、二层

4 对一、二层进行抗震加固

5 改造完成

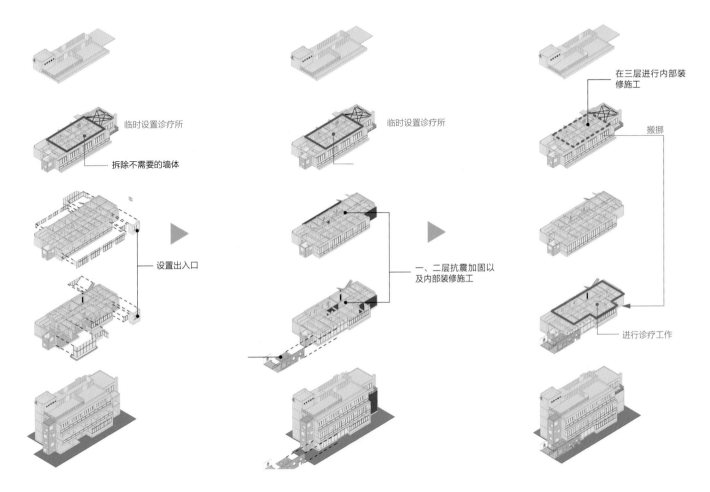

临时设置诊疗所

拆除不需要的墙体

设置出入口

临时设置诊疗所

一、二层抗震加固以及内部装修施工

在三层进行内部装修施工

搬挪

进行诊疗工作

POINT 4

实现无障碍设计

通过改造出入口以及设置电梯等方式，以便于医院患者利用，使得医院内部动线更为顺畅

增设电梯

更换入口

一层

二层

三层

BEFORE

AFTER

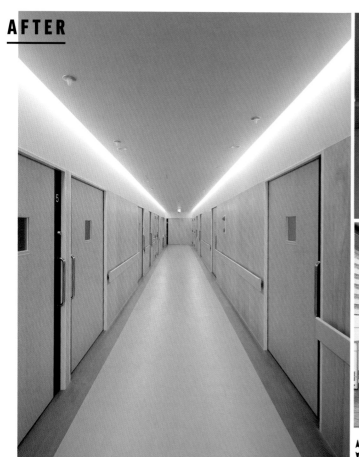

▲ 在走廊的一部分设置日间照料设施
▼ 在面向阳台处设置食堂
◀ 在实现顺畅的动线的同时，装饰上采用带有温和感的木质材料

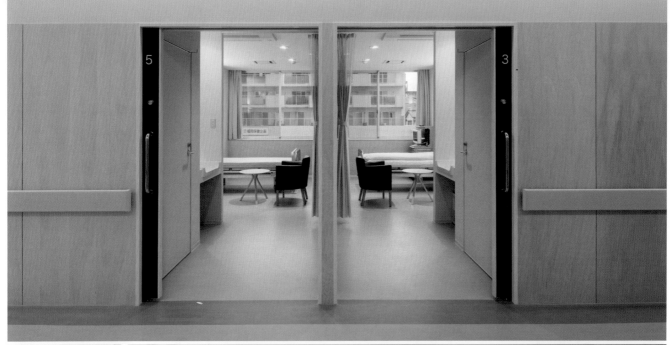

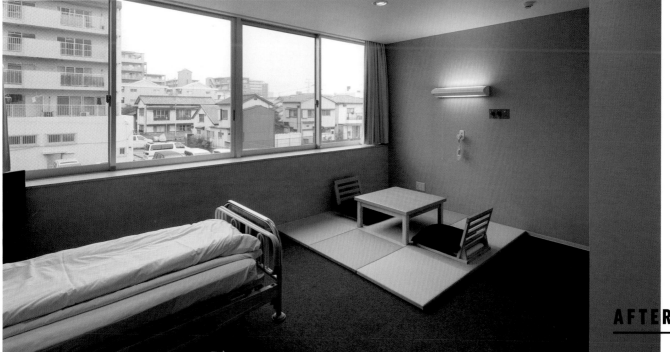

AY 改造后。在病房中设置厕所、淋浴等设施，从而提高了病房的档次

BEFORE

AFTER

原有三层平面图

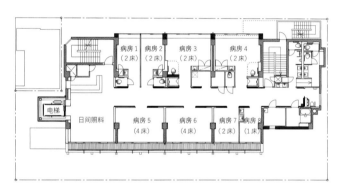

三层平面图

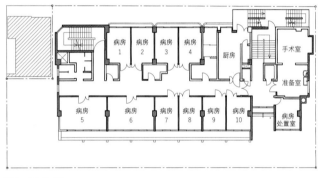

原有二层平面图

二层平面图

原有一层平面图　比例尺 1：400

一层平面图　比例尺 1：400

AFTER

◄▲ 改造后。设置排风机房，营造更好的等待区环境，使其更为明亮

▼ 改造前。略显阴暗的环境

BEFORE

正常使用中的法院的改造

佐贺地方法院、佐贺家庭诉讼法院

Saga District Court/
Family Relations Court

　　本项目是第一个由国土交通省委托的项目。对于法院来说，从建筑的性质来看，施工时不应影响其使用，而且项目要求通过改造使建筑结构的 GIS 值达到 1.0 以上，为此我们考虑了多种加固方案。其中一个方法是，将两栋建筑的抗震斜撑相连接，以提高建筑的抗震性能。由于建筑在施工阶段必须正常使用，因此在内部加固尤为困难，如果是在外部加固的话，我们希望使用更为精巧的加固材料，使得加固结构体现出设计感。

"Refining" of District Court Building without Disturbing the Normal Duties

This is our first work offered by Ministry of Land, Infrastructure, Transport and Tourism. As a courthouse, the construction had to be done without disturbing the normal duties; also judgement index of the earthquake resistance criterion requires higher than 1.0 of GIS value. Among the various aseismic reinforcing schemes we studied was tying two buildings with earthquake resistant bracing. Because the building was always in use, the internal reinforcement was difficult: We adopted the outside reinforcement considering design characteristics with more sophisticated reinforcing components.

佐贺地方法院、佐贺家庭诉讼法院 / 改造的 POINT

① 通过钢结构斜撑的空中走廊增加抗震性能

② 实现设备管道的更新

③ 通过钢结构斜撑对建筑结构进行加固

▲ 中庭处的建筑外观。利用连接两栋建筑的走廊对建筑进行抗震加固

 POINT 1 通过钢结构斜撑的空中走廊增加抗震性能

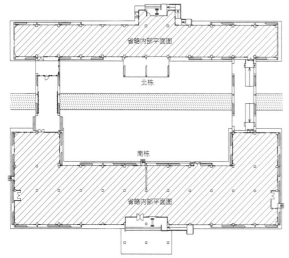

改造后一层平面图　比例尺 1：1000

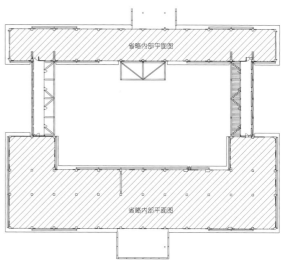

二层平面图

▲ 改造后的空中走廊的内部。玻璃一侧面向中庭，封闭墙体一侧则面向相邻的建筑

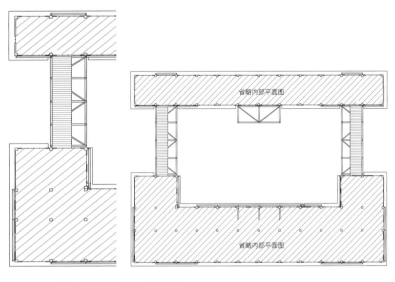

▲ 三层平面图的左边部分的放大　　三层平面图
图（H形钢结构柱＋斜撑加固）

POINT
/2

实现设备管道的更新

AFTER

▲ 将管道隐藏在空中走廊

▼ 改造前的空中走廊之下

BEFORE

POINT
3

通过钢结构斜撑对建筑结构进行加固

BEFORE

▲ 改造前。各层的雨棚和窗户排列整齐，并且与雨水管道以及墙面形成视觉上的秩序

▼ 改造后南栋的南侧外观。拆除掉一部分雨棚，并对结构进行加固

AFTER

施工时保证正常使用的工商会议所
大楼改造

丰桥工商会议所大楼本馆、新馆

Toyohashi Chamber of Commerce and Industry

丰桥工商会议所大楼由基地南部建成的新馆与新馆北侧的本馆两栋建筑组成。本馆是 1968 年竣工的混凝土建筑，而新馆是 1993 年竣工的钢结构建筑。在进行本馆结构加固的同时，还通过翻新内外装修、重新规划动线、更新设备等工作，实现了效果显著的建筑改善，并在使用的同时实施施工。

"Refining" Busy Chamber of Commerce Building

The Toyohashi Chamber of Commerce and Industry consists of the new wing on the south side and the main building on the north side. The main building is a reinforced concrete structure built in 1968, and the new wing is a steel structure built in 1993. With seismic strengthening of the main building, refurbishing interior and exterior finishes, reviewing traffic line, and updating building facilities were carried out. The entire structure improved effectively. Also, managing the administration of some functions of the building continued while construction work was performed, with changing a temporary work plan.

AFTER

丰桥工商会议所大楼本馆、新馆／改造的 POINT

① 针对特定位置抗震加固与设计的探讨

② 出入口周围以及大厅的改造

► 实施钢结构加固后的本馆外观
◄ 改造后的全景。右边是这次改造的本馆。左侧是新馆
▲ 改造前建筑东侧的全景
▼ 改造前。正立面下部的混凝土雨棚被拆除

BEFORE

AFTER

POINT 1 针对特定位置抗震加固与设计的探讨

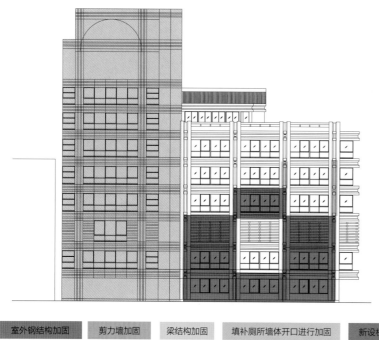

| 室外钢结构加固 | 剪力墙加固 | 梁结构加固 | 填补厕所墙体开口进行加固 | 新设柱体 |

办公室 | 电梯厅 | WC
会议室 | 电梯厅 | WC
会议室 | 电梯厅 | WC
大厅 | 电梯厅 | WC
会议室 | 电梯厅 | WC
办公室 | 电梯厅 | WC

5 种加固方法

— 对抗震加固设计的考虑

与 2005 年的结构抗震检测结果不同的是，这一次建筑被判断为结构脆弱。为了补足这一点，相对于 2005 年的加固方案，增加了进行加固的位置，特别是东西方向上的，必须要加固。尽管加固位置变多，我们也尽可能地进行最小限度的加固，而且在建筑物的规划以及使用方法不发生改变的前提下进行研究探讨。在这个方针的指引下，形成了合理利用 5 种加固方法并配置到规划之中的想法。

改造的前提条件是，[在使用的同时加以施工 + 建筑物轻量化（拆除雨棚）]，外加 5 种加固方法。

1 室外钢结构加固

2 剪力墙加固

3 梁结构加固→梁柱结构加固

· 对梁和柱子分别进行加固
· 为了不影响房间的正常使用，只能在室外和顶棚内部进行加固。所以有必要将会议室与大厅的顶棚拆除后再进行复原工作

4 填补厕所墙体开口进行加固

填塞厕所的窗子开口，以确保墙壁的强度。也由于封闭了窗子，所以就有必要设置电灯

5 新设柱体：设置新的柱子，提高原有建筑的坚固性

· 在设置水管、管道井的位置新设柱子
· 一部分设备需要重新设置

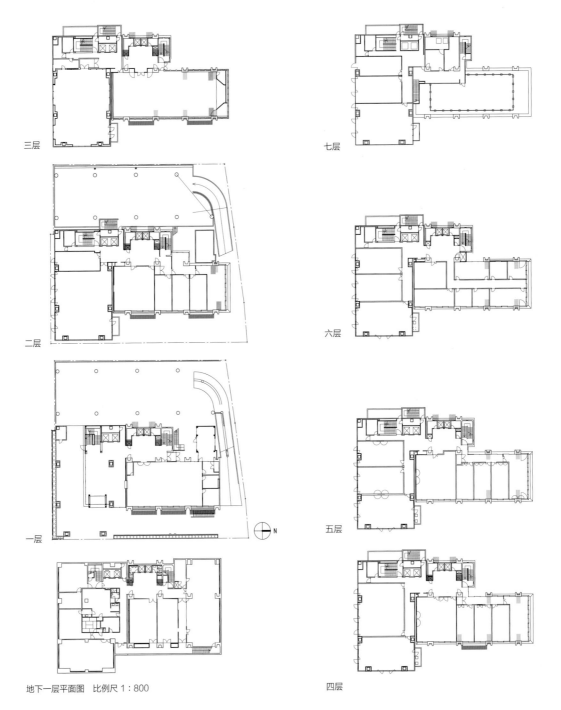

三层

七层

二层

六层

一层

五层

地下一层平面图　比例尺 1：800

四层

POINT / 2 出入口周围以及大厅的改造

AFTER

▲ 向出入口看。以木质材料产生的设计感为基调
一层大厅的意境类似于丰桥平野的作品《野原》 ▼ 出入口

▼ 改造前出入口的周边

BEFORE

AFTER

▲ 大厅。正对面是办公室的入口

BEFORE

◄ 向入口方向看
► 改造前，站在大厅只能看见办公窗口

AFTER

▲ 办公室内部。用于会员与工作人员面对面交流的连续的服务台
◄ 左手便是办公室的入口

BEFORE

BEFORE

▼ 入口大厅左手边的玻璃隔断里面是办公室

AFTER

通过在室外加设钢结构构件进行加固

室外钢结构加固的方案。上：◀ 斜撑方案　▶ 待选方案。钢结构加固＋外部装修材料
下：◀ 特别方案。钢结构加固＋外部装修材料　▶ 另一种斜撑方案（采用）。最终使用将结构加固材料
变细的方法，减少对采光的影响，纤细的材料并不会被明显地感受到，因而提高了整体设计感

剪力墙加固　为了保证大讲堂空间，尽可能采用不损失面积的加固方法

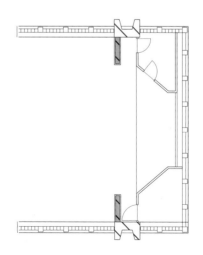

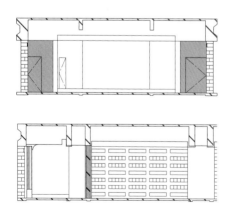

大讲堂（三层）的剪力墙加固　比例尺 1：200

▼ 在大讲堂实施剪力墙、梁结构加固

填封开口部分、设置新柱体、剪力墙加固

将钢筋混凝土的加固墙体置入房间中

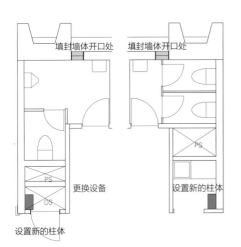

对厕所的墙体开洞进行填补加固，在管道井等处设置新的柱体结构　比例尺 1：100

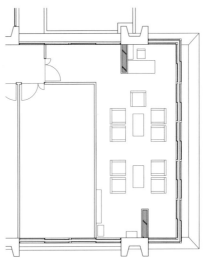

加固墙壁的设置　比例尺 1：200

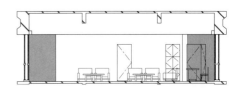

BEFORE

▼ 利用管道井的空间设置新的柱体结构以及剪力墙　➤ 实施剪力墙加固房间的室内

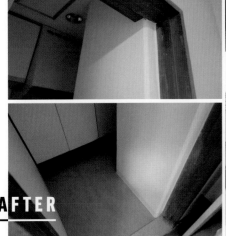

AFTER

通过建筑改造，使建筑与街道氛围
相融合，形成有品质的环境

MINATO 银行
芦屋站前支行

Ashiya Eki-mae Branch, Minato Bank

这是位于芦屋景观地区的 MINATO 银行。我们使用了一种纯粹的设计
方法，对原有建筑的外立面进行铝合金格栅覆盖，使得建筑外观焕然一新，
并且与周围环境相融合。而且，照常营业的状态下，在建筑物内部进行
多次搬挪，使施工顺利进行，通过所谓的"边使用边施工"节省了临时
店铺的租赁与搬迁等所需要的费用，从而节省了总工程费用的三至五成。

Refining into Sophisticated Building Befitting Atmosphere of City

The bank, built in the Landscape Zone in Ashiya, was renovated in appearance
by a simple method to cover the existing building with aluminum louvers in
consideration for neighboring scenes. Also, we were able to hold down the total
cost of construction by "construction without stopping operation," i.e. only moving
several times inside of the building with continuing normal operations, which saved
preparations and the expense of moving to the temporary store.

▼ 改造前南侧外观

BEFORE

AFTER

MINATO 银行芦屋站前支行／改造的 POINT

① 对原有建筑外立面进行铝合金格栅覆盖，使得
建筑的外观焕然一新

② 改变楼层的构成，针对客户的服务性得以提高

POINT / 1

对原有建筑外立面进行铝合金格栅覆盖，
使得建筑的外观焕然一新

▼ 邻近建筑

BEFORE

▲ 改造前南侧外观
▼ 改造后南侧外观

AFTER

POINT / 2

改变楼层的构成，针对客户的服务性得以提高

▲ 大厅（二层） ▼ 会议 ▼ 大厅（一层）

AFTER

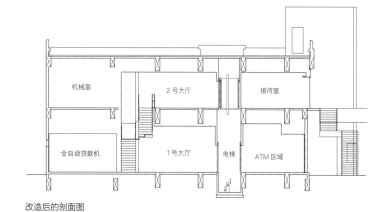

改造后的剖面图

边使用边施工的时间节点

0 原有建筑

机械室	食堂	会议	厕所	接待室	2F
贷款金库	营业厅			ATM	1F

改造前，一层拥有客户服务功能，二层拥有内庭，但是存在 ATM 区域以及大厅过于狭小等问题，还有就是对于面向 VIP 客户的个人资产商谈洽谈室与小会议室有相应的要求。

1 一层的电梯施工

机械室	正在施工		电梯正在施工	临时食堂	临时接待室
贷款金库	营业厅			ATM	

对二层的内庭部分进行施工。在施工中设置了可以多次使用的临时用房。为了让客人更为顺畅地到达上层，在这一阶段设置了电梯。

2 一层施工

机械室	食堂	营业厅 2		接待室
贷款金库	正在施工		临时接待室 电梯	ATM

客户服务转移到二层后，对一层进行施工。贷款金库与 ATM 区域从原有位置移动到新的位置，为了保证一个晚上就完成新机器设备的转移安装，进行了不间断作业，从而完成施工。

3 完工

机械室	食堂	营业厅 2		接待室
客用厕所 小会议室	全自动贷款机	营业室 1 谈话间 大厅 1	电梯	ATM

为了对客户负责，施工作业必须在营业时间以外进行。对一层针对富裕阶层的服务进行扩充，并与二层的一般性服务进行区分，使得建筑内部张弛有度。在缜密的安排下，在持续营业的情况下完成了施工。

剖面图标注：机械室　2 号大厅　接待室　全自动贷款机　1 号大厅　电梯　ATM 区域

新建建筑篇

JA 福冈市本店大楼的扩建项目是对完成改造后的本店大楼的扩建。我们认为，在今后的时代，将在现有建筑改造的同时进行一部分扩建，使得建筑在"时间"上相叠加的同时，赋予街区以变化，从而形成新的街区。

　　如果这个观点成立的话，即使是建筑改造的思想，对于新建建筑也会变得重要。其原因是，在建筑改造中，尤其是对其进行新的设计中，往往隐含着许多对新建建筑的重要启示。

　　FUJITOTRANS CORPORATION 新公司总部，作为公司的总部保持着与世界的网络连接，24 小时、365 天运转。考虑其安全性与安全保障的同时，运用多年从事建筑改造而形成的建筑长寿命化的手法，进行这次项目的规划，这一想法在我心中逐渐形成。（青木茂）

营造出让员工感到像是"大家庭"
的办公空间

FUJITRANS 公司
新总部

Fujitrans Corporation's New Headquarters

大的办公空间是"客厅",会议室及接待室按照"房间"安排位置,借挑高空间和外部露台保持"客厅"、"房间"与外部环境相连接。重视员工的集体感,打造像是"大家庭"一样的办公空间。

Office Like a "Large House" Creating Unity of Employees

This is the rebuilding plan of a head office of a distribution company of overseas marine transportation located at Nagoya port. The company's creed is Wa (a sense of unity,) so human relationships are valued. Here a space in well hole style seems that each floor is linked both visually and emotionally, which provides the employees a productive interaction and a sense of unity.

新总部／设计的 POINT

① 在东西两侧设置交通核,作为中间办公区域的缓冲地带,以减少大楼能量负荷

② CASBEE A 级环保型办公楼

③ 设置挑高空间及外部露台,保证了各个房间与外部空间的连续性

▲ 东侧外观　➤ 北侧外观

POINT 1

在东西两侧设置交通核，作为中间办公区域的缓冲地带，以减少大楼能量负荷

➤ 从东北方向看建筑

▼ 东侧外墙壁细部。东西两侧交通核的外墙壁使用 Low-E 型玻璃，与混入再生添加材料的 PC 板在外侧排列成纵向的格栅，对于遮挡日照有很好的效果。

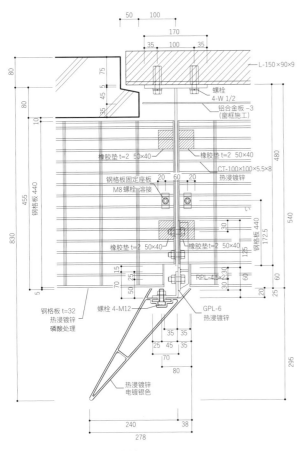

防护钢格板＋格栅板大样图　比例尺 1：10

一至二层

➤ 入口大厅。面向二层大厅、三层办公室的通道

▲ 入口周边 ◀ 二层大厅 ➤ 二层接待服务台

三至四层

▲ 有两层层高的办公室（三至四层）。四层的架空走廊将东西两侧的交通核连接起来

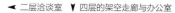

◀ 二层洽谈室　▼ 四层的架空走廊与办公室

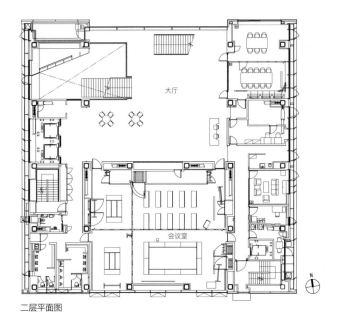

二层平面图

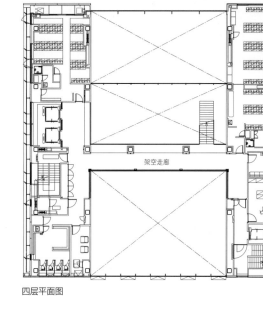

四层平面图

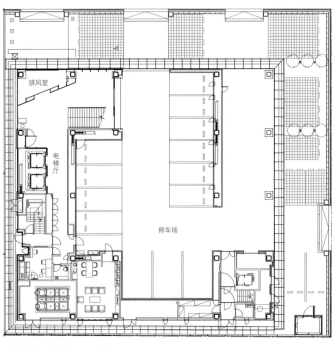

一层平面图 比例尺1：400

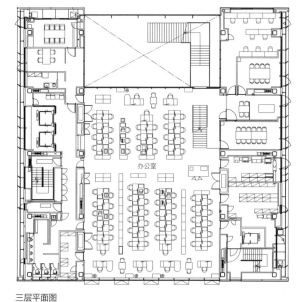

三层平面图

五层

▲ 五层办公室（东面）。获得 CASSBEE A 级认证，配置太阳能发电、全部 LED 认证照明、地板式送风空调、除湿空调，并且利用自然通风与自然采光，采用楼体自发电，是一栋环保型 BCP 办公大楼

▼ 五层办公室（南面）

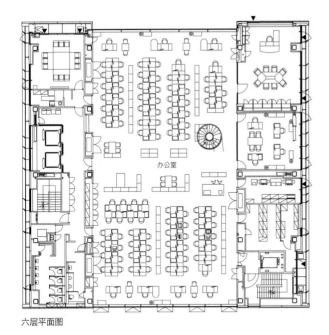

六层平面图

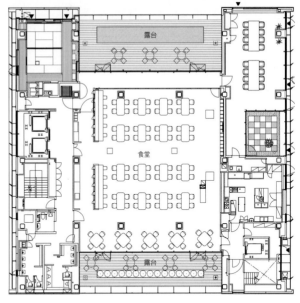

八层平面图

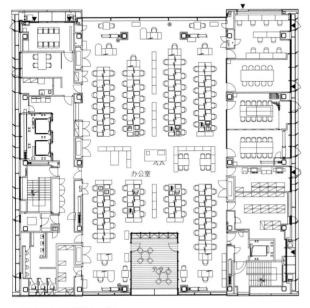

五层平面图 比例尺 1:400

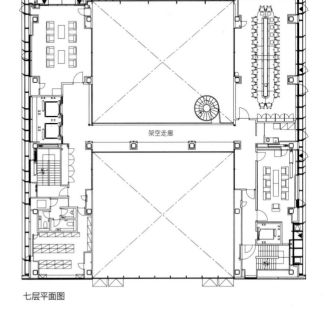

七层平面图

六至七层

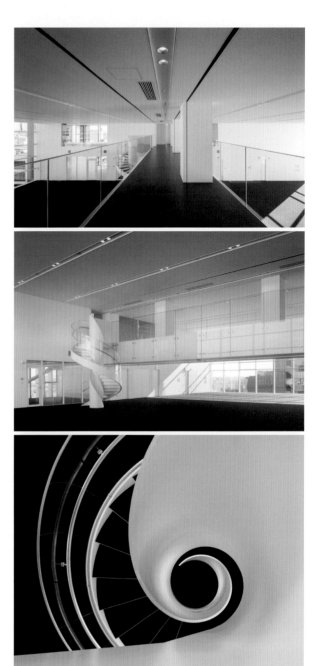

▲ 六至七层办公室。从上至下依次是中央架空走廊、挑高空间、专用螺旋楼梯

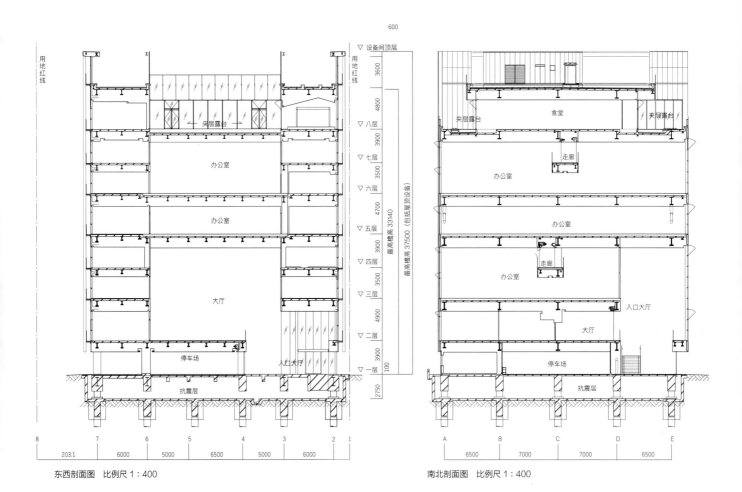

东西剖面图　比例尺 1：400

南北剖面图　比例尺 1：400

　　该公司位于名古屋港口，是一家正向海外扩展以海运业务为主的物流公司，本项目是对公司总部的重建项目。这家公司十分重视"和"的概念，旨在强调人与人的相互联系，所以我们对其总部进行设计的时候，为了设计使员工之间能够产生交流与集体感的新式办公环境，运用挑高将各层打断，使得空间无论在视觉上

还是在心理上都获得联通。

　　地上部分建有 8 层，在每一层的东西两侧设置交通核，建筑整体形状近似为边长 30 米的立方体。办公环境良好的中央部分是跨度为 16 米的无柱办公区域，并且以两端的交通核作为缓冲地带。这种交通核的配置与公司总部办公区域必需的信息安全级别所决

定的功能分区保持一致，将对于安全性的考虑直接通过建筑形态表现出来。用于包裹这些空间的外部装修采用了铝合金格栅以及 Low-E 玻璃，通过抑制日照产生的热量而达到了降低空调负荷的目的。此外，还采用了再生材料以及天然材料，以创造出富有变化的外观表情。

安全保障计划

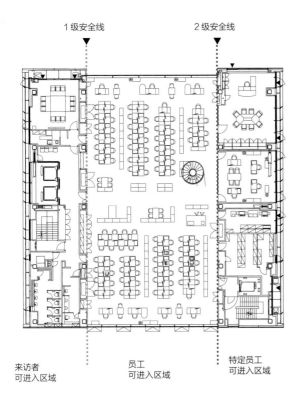

1 级安全线　　　　2 级安全线

来访者　　　　　　员工　　　　　　特定员工
可进入区域　　　　可进入区域　　　可进入区域

▲ 四层挑高的入口大厅

考虑到很可能发生的东海、东南海的近海地震，加上作为公司总部在功能上的需求，应采用能够长久使用的结构形式，来象征不中断的物流产业的持续性。

在建筑的中央部分，为了确保宽敞的办公空间，采用了两端的交通核部分搭建偏心钢结构支架，用于抵抗地震力的双核心结构系统的免震结构。另外，我们提出了针对地面液化的对策，设置了防波板和在紧急情况下确保电力供应的太阳能发电装置，将重要设备都不安排在地上，以应对灾害来临，将其改造为能应对各种灾害和紧急情况的建筑。

内部工作场所空间变化丰富，设有在两层挑高的大空间里连接交通核的架空走廊、拥有室外甲板露台的办公空间、通过可移动隔断墙使得办公空间更为灵活多变的会议室等。通过在两端的交通核部分设置各种会议室与印刷室等房间，使得内部空间不单单是标准层（通用性空间），还包括了多种变化在其中。

POINT / 3 设置挑高空间及外部露台，保证
了各个房间与外部空间的连续性

八层

▼ 建筑的八层是带有开放感的食堂、可以远眺的露台以及
日式房间，是为员工提供休息空间的楼层。

▲ 日式庭院（八层）　◀ 在休息片刻望见的日式庭院　➤ 员工食堂

对改造后的建筑进行扩建

JA 福冈市本店大楼扩建

JA Fukuoka City Head Office

JA 福冈市本店大楼扩建／设计的 POINT

1 针对基地的两面性搭配组合建筑的两个功能

2 使用 V 形柱实现结构的合理性

▲ 喧闹的宽 25 米的道路一侧的建筑立面，偏西北方向。右侧的建筑是 2005 年进行过改造的 JA 本店

本项目是对 2005 年进行过改造的大楼进行扩建施工。为了实现使用功能的扩展，在同一基地内扩建另外一栋建筑。在南侧设置与现有建筑相关联的办公功能。从建筑的辨识度考虑，在北侧设置房地产的店铺。建筑的外围设有 V 形柱以承担建筑的水平应力以及垂直荷载，并且将其外露，成为建筑象征性的设计。

Extension of "Refining" Architecture

This is the extension construction of the office building, which was "Refined" by us in 2005. The new structure was built adjacent to the existing one in the same site. Considering the functional linkage with the existing building and visibility, an office is located in the south side and a real estate store in the north side. The V-shaped pillars of the outer periphery bear the horizontal force and the vertical load efficiently, as well as being design characteristics of the building.

► 与 JA 本馆相连接的南侧外观

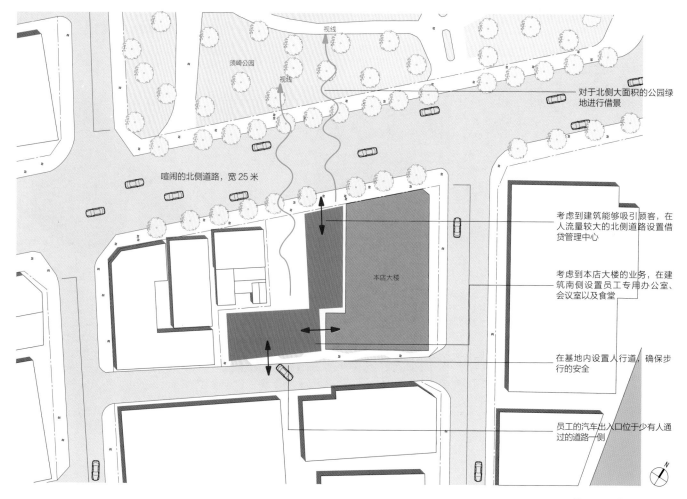

须崎公园

视线

视线

对于北侧大面积的公园绿地进行借景

喧闹的北侧道路，宽 25 米

本店大楼

考虑到建筑能够吸引顾客，在人流量较大的北侧道路设置借贷管理中心

考虑到本店大楼的业务，在建筑南侧设置员工专用办公室、会议室以及食堂

在基地内设置人行道，确保步行的安全

员工的汽车出入口位于少有人通过的道路一侧

总平面图　比例尺 1：900

POINT / 1　基于基地南北的两种氛围布置建筑的功能

　　规划用地被北侧宽 25 米与南侧宽 4 米的道路所限定。接待不同类型的众多顾客的分公司区域与主要由员工使用的办公区域承担两种不同的功能，为了使其在同一建筑中共存，我们使基地南北的两种氛围（喧闹／静谧）配合建筑内部功能的双重性（公共／私密），以与本店南侧办公空间（静谧／私密）协调。从建筑的辨识度考虑，我们在北侧设置了分公司区域（喧闹／公共）。

建筑外围的部分以植物形态作为基本图案的 V 形柱体，有效承担建筑的水平应力与垂直荷重，实现钢结构的轻量化，并将外围结构部分外露，形成建筑的象征性设计。

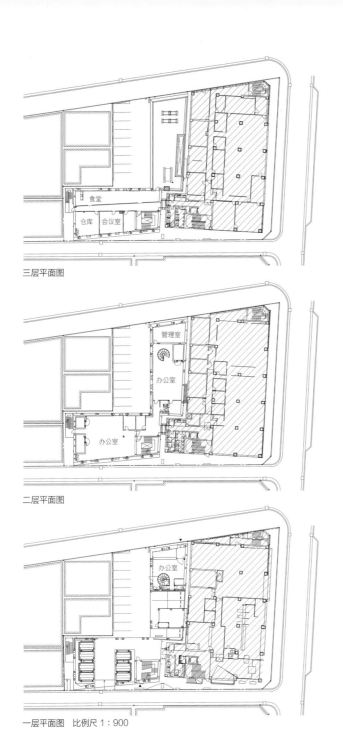

三层平面图

二层平面图

一层平面图　比例尺 1：900

▲ 透过南侧建筑的底层架空部分，可以看到中庭与进行柜台业务的建筑

剖面示意图

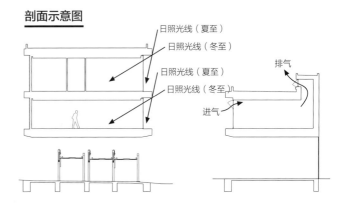

日照光线（夏至）

日照光线（冬至）

日照光线（夏至）

日照光线（冬至）

排气

进气

对于办公室局部的多余热量，通过建筑设计促进自然换气，从而实现了在春秋季节减轻空调负荷的目的，并且通过设置垂檐减少夏季日照。

▲ 西北侧外观

使用 V 形柱实现结构的合理性

以植物形态作为基本图案的建筑结构设计

在植物中隐含着合理化的结构系统

可以说，植物的叶、干、茎、叶脉等作为构造体，不会有任何浪费

本次设计中应用的经过转化的结构

▲ 进行柜台业务的办公室

通过简化而变得合理的结构设计

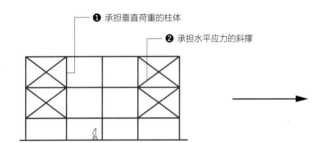

❶ 承担垂直荷重的柱体

❷ 承担水平应力的斜撑

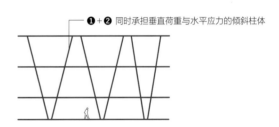

❶＋❷ 同时承担垂直荷重与水平应力的倾斜柱体

▲ 建筑西侧
► 宽 25 米的道路对面的二层办公室
▼ 连接进行柜台业务的一层办公室和二层办公室的楼梯

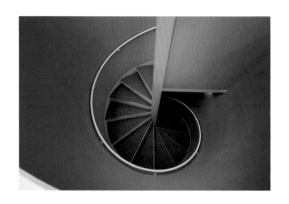

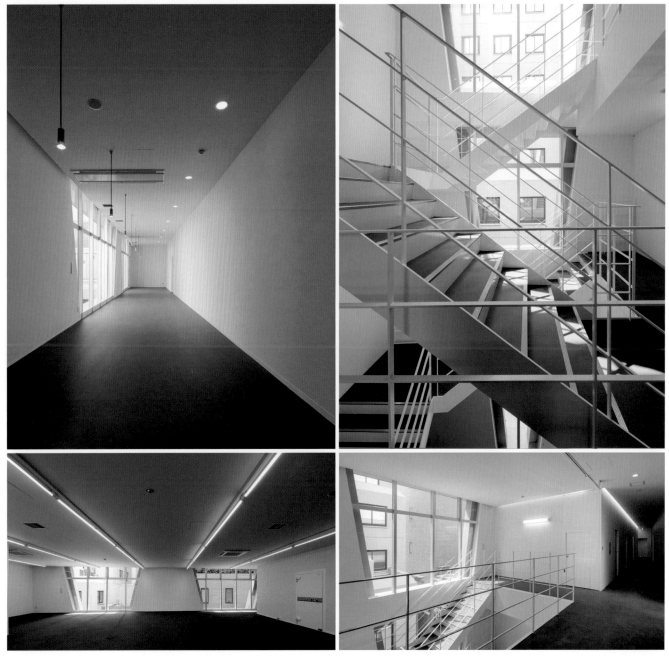

▲ 食堂 ▼ 办公室　　　　　　　　　　　　　　　　　　　　　　　　　　　　▲▼ 楼梯间

拥有小巷魅力的两栋商业建筑

D.SIDE/DBC
D. Side / Daimyo Beauty Complex

这两栋商业建筑位于作为流行文化发源地的小商铺密集的福冈市大名地区。建筑改造将小巷的魅力活用，创造出立体化的空间。这里从前就是福冈城的商业街道，我们以这一历史作为背景，试着对建筑外部装修与商业设施的招牌进行方案设计

Tenant Building Having Atmosphere of Backstreet

This is a project of the tenant building in Daimyo area, Fukuoka city, which is lively and crowded with small shops. Here we reproduced the charm of the back alley in three-dimensional space of this building. Based on its historic background as a Fukuoka castle town with busy shopping streets, we suggest a new role of the exterior and the signage of tenant buildings.

▲ D.SIDE 建设前的样子。中央的白色建筑物右边的第二栋是 DBC。与白色建筑物左侧的停车场相连接的部分是 D.SIDE 用地

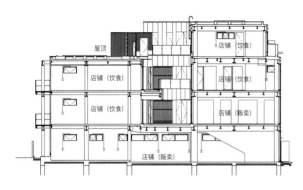

D.SIDE 剖面图 1　比例尺 1：400

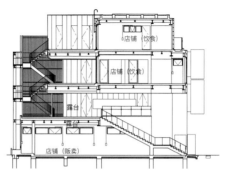

剖面图 2

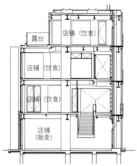

剖面图 3

D.SIDE/DBC/ 设计的 POINT

① 创造出立体小巷（D.SIDE）

② 形成符合街区尺度的外立面（D.SIDE）

③ 采用具有街道相关历史印象的主立面（DBC）

► D.SIDE 从东北侧看

POINT 1　创造出立体小巷

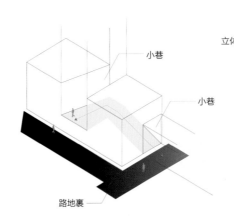

被减掉的体量

小巷

小巷

路地裏

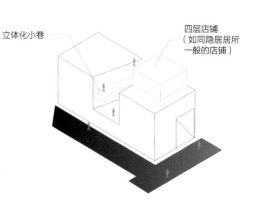

立体化小巷

四层店铺
（如同隐居居所一般的店铺）

STEP 1　配置体量

将所需的3层体量配置在用地中

STEP 2　建造"小巷"

将体量进行挖切建造出"小巷"。二层以上的商业空间全部面向小巷展开。将建筑中央部分挖切，还确保了基准法中对于建筑密度的要求

STEP 3　小巷形成

四层的店铺、巷子形成立体走廊。从建筑外部进入，各个商铺空间各自独立，形成有层次的空间构成

▼ 大名地区的魅力在于，小型店铺密集地分布在小巷中。借鉴这样的空间构成形式，设计出商业楼的内部空间

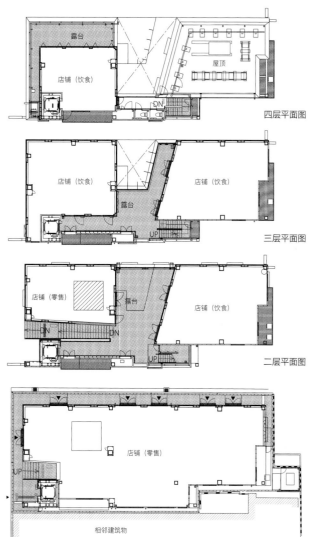

露台
店铺（饮食）
屋顶
DN
四层平面图

店铺（饮食）
店铺（饮食）
露台
UP
三层平面图

店铺（零售）
露台
店铺（饮食）
DN
DN
UP
二层平面图

店铺（零售）
UP
相邻建筑物
一层平面图　比例尺 1：400

该项目的对象是一栋商业建筑，位于与九州最大的商业区——天神地区相邻接的大名地区中心部。大名地区的魅力在于，小型店铺密集地分布在小巷中。在小巷中旧有的出租公寓与民间改造后随意形成的店铺中漫步，其愉快感是在像天神地区那样经过整顿后的场所体验不到的。这也是大名地区的独特魅力之所在。另外，大名地区曾经是福冈城的"大名"（日本

的名士）们所居住过的地方，遗留的地下水道的遗骸、城下町的街区遗址，以及城下町的街区分布的余韵，也显示着该地区的历史魅力。

将大名地区独特的具有吸引力与期待感的小巷空间融入商业建筑的设计之中，形成了"立体小巷"。

外部装修与小巷的印象相吻合，以从部分到整体的构成形式为象征，并与街区氛围相融合。拥有"小巷（大名地区）的魅力"的商业建筑在大名地区以及天神地区目前是独一无二的，很期待在它的影响下能够产生出新的文化。

POINT / 2 形成符合街区尺度的外立面

参照周边的尺度，以框体的样式为模块向上累积，构成建筑外观

STEP 1 模块形成

框体　玻璃

STEP 2 模块的累积

为了使柱体不被看见，对立面构成单元进行调整

3FL

2FL

▲ 在各个独立的框体中，可以窥见建筑内部的种种画面，并且融入街道的繁华之中。对柱体进行了调整，使其隐藏在框体之中

DBC (Daimyo Beauty Complex)

POINT
/3

采用具有街道相关历史印象的主立面

◄ 以福冈城不可复制的不规则叠石为概念，作为窗子的表现形式，形成了能唤起这个古城历史的建筑立面。安装有 LED 照明的玻璃窗在白天与夜晚展现出不同的表情
► 玻璃幕墙突出的部分可以作为展示空间

▲ 立面细部

▼ ► 五层的店铺（入驻施工前）以及露台

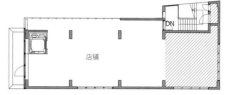

五层平面图

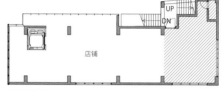

四层平面图

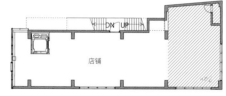

三层平面图

二层平面图

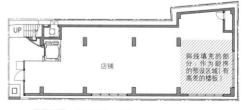

一层平面图　比例尺 1 : 400

▲ 四层店铺

　　大名地区的建筑与街道的表情随着时代不断发生改变。这种变化缘起于我们希望保留对于古老街道的记忆，于是我们运用玻璃与不锈钢等现代建筑素材，代替不可复制的福冈城中不规则的叠石城墙的表现形式，对商业设施的招牌与主立面设计的关系提出崭新的方案。建筑内集合了与"美"和"健康"相关的各式店铺，使得身心得到愉悦与安乐。不仅针对建筑外部，对内部也进行了细致的推敲与揣摩。我们这次改造的目的是，将向往辉煌人生的人们以"美与健康"为主题开设的各式店铺归于统一的建筑外表而形成商业设施。

　　另外，由于地处繁华地段，我们希望将建筑设计为以开放的空间、明亮的透明形式而存在于此的建筑。

支撑屋顶的攀爬架

松崎幼儿园讲堂
Lecture Hall at Matsuzaki Kindergarten

东立面图 比例尺 1:200

南立面图

本项目是对创立已有 9 年的幼儿园讲堂的重建项目。在山中设有名为"风之子村"的育儿场地，与园内的场地"游的森林"相呼应，其目的在于扩大孩子们的活动范围。讲堂南侧设置的攀爬架既是孩子们的游乐场所，也是通向屋顶的动线所在，并起到支撑建筑的作用。

Jungle Gym Supporting the Roof

Rebuilding the hall of a kindergarten established more than 90 years ago was aimed to expand children's activity, working closely with the nearby site named Kaze no ko mura, and the adjacent playground named Asobi no Mori. The jungle gym installed in the south side of the hall is a facility to play for children, while it works as an access to the roof and a structure supporting the building.

松崎幼儿园讲堂／设计的 POINT

① 支撑屋顶的结构体成为通向屋顶露台的攀爬架

② 在大屋顶下的 4 个体量与外部露台连接

▼ 旧讲堂

POINT 1 支撑屋顶的结构体成为通向屋顶露台的攀爬架

◀ 攀爬架也是支撑屋顶的结构体 ▼ 通过攀爬架登上屋顶

▲ 讲堂东侧外观。中央部分的大开口通过露台与外部连接

POINT / 2

在大屋顶下的 4 个体量与外部露台连接

　　旧的讲堂在经历了 47 年时间（1967 年竣工）后，存在老旧化与抗震性能不足的问题。"kindergarten"（幼儿园）来自德语，有着"儿童的花园"的意义，这所幼儿园也十分重视儿童在大自然中学习。距幼儿园 15 分钟车程的地方，有一处被称作"风之子村"的山中育儿场所。本项目通过移植山中树木、设置小溪并造山，形成了叫作"游的森林"的庭院花园，使儿童在园中更多地与自然接触。讲堂位于紧邻"游的森林"的一侧，今后随着"游的森林"的逐渐扩张，可以使得整个基地形成所谓的"儿童的花园"。

　　建筑物采用钢结构的平顶屋，在一个大屋顶下设置 4 个体量，各个体量都能与外部的露台相连接。4 个体量分别是讲堂、儿童洗手间、成人洗手间、攀爬架，其中攀爬架不仅作为通往屋顶露台的动线，还作为结构体起到支撑屋顶的作用。我们将骨架作为构造体进行拉伸弯曲分析实验，针对偏心荷重的问题提供了安全保障。

　　将来会将屋顶露台向北侧扩展，届时还会设计滑梯与楼梯。这样一来，空间会有更好的流动性，我们也期待"游的森林"最终实现扩张。

▲ 东侧夕阳景色　◀ 讲堂内部　➤ 南侧夕阳景色

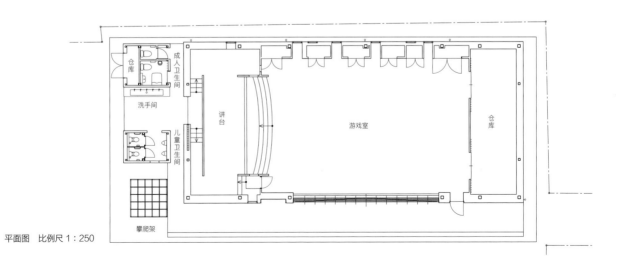

平面图　比例尺 1:250

为地区福利作出贡献的附带养老服务的
高龄者住宅

LAZOLE 早良南（高龄者住宅）

LAZOLE Sawara Minami

　这座高龄者专用集合住宅围绕中庭配置日间照料、住户、多功能
大厅、谈话室，各自与环形走廊相连接。南侧的房间全部位于转角，
以便居住者能够心情舒畅并安心地居住。设计中运用成型混凝土砖
的承重墙结构，将体量进行环状分布，通过楼板传导应力，以此获
得合理化的结构。

Senior Housing Complex Contributing to the Community-based Welfare

An adult day care center, dwelling units, a multipurpose hall and a lounge connected by a corridor surround a courtyard. This senior housing complex offers comfortableness and relief; the dwelling units facing south are all placed in the corner of the building. In terms of the structure, this is the box frame construction with fill-up concrete blocks, and the stress is transmitted via the slab to the larger walls.

▼ 多功能大厅内部　➤ 中庭的夜景。向中庭方向凸出的多功能大厅

LAZOLE 早良南／设计的 POINT

① 围绕中庭配置房间以及公共空间

② 南侧的住房全部设计成位于转角的房间，从而提高居住性能

POINT 1　围绕中庭配置房间以及公共空间

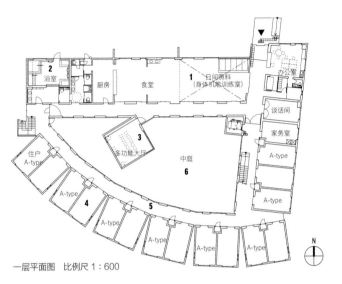

一层平面图　比例尺 1：600

房间标注：
2 浴室／厨房／食堂／1 日间照料（身体机能训练室）／办公室／谈话间／家务室／住户 A-type／3 多功能大厅／6 中庭／4 A-type／5 A-type／A-type

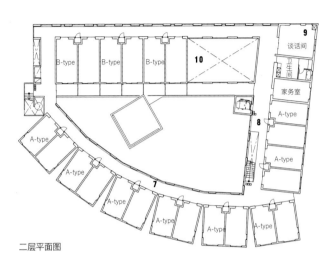

二层平面图

房间标注：
B-type／B-type／B-type／10／9 谈话间／卫生间／家务室／A-type／8／7 A-type

▼ 北侧外观

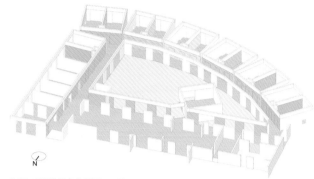

走廊与房间的彩色分析图　一层

二层

1 在墙壁上运用带有木材元素的装饰，形成有温和感的空间

2 将室内的一部分挑高，确保了浴室的采光及通风

3 能够作为练歌房与电影放映厅使用的多功能大厅

4 南侧的住房全部设计成位于转角的房间，确保通风良好、舒适的居住环境

5 面向中庭的环形走廊

6 入住者与当地居民进行交流的场所

7 参照轮椅的尺寸，将住房的出入口宽度设置为1.09米

8 在中庭周边墙壁设置许多开口，以便于引入光线，同时也让各个场所中的人能够眺望中庭

9 入住者相互交流的场所

10 设置上部挑高，确保了南侧采光

▼ 中庭一侧外观

▲ 环绕中庭的走廊宽敞而又留有余地，并通过颜色区分，明亮而便于区分

此处原本是委托人生产混凝土砖等水泥的二次制品的制造基地，但是随着周边环境的改变，制造业搬迁到其他地方，为了对地区的福利作出贡献，打算建造面向高龄者的设施。

本项目中，为了能够合理利用委托人对于砖块的施工技术，采用模块化的混凝土砖结构。围绕中庭形成的平面构成虽然复杂，但通过设置伸缩接头，使得结构上不必切断，形成一体型的连续楼板。至于建筑整体，我们确保了建筑所必需的墙体数量。而在需要大跨度空间的公共走廊等墙体较少的部分，通过楼板将地震产生的水平应力传导到住房等墙体数量较多的部分，从而使得结构设计成立。这样一来，可以减少对墙体的浪费，从而在成本下降的同时也形成了开放度较高的建筑。

平面设计中，围绕中庭将日间照料、房间、多功能大厅以及谈话室、浴场等公共空间进行配置，并使其通过环形走廊相连接。对于住房，将其设置成朝南、朝东，并且把房间安排在建筑南侧的拐角部分，以提高居住性能。在走廊进行彩色富有变化的装饰，填充多功能大厅以及谈话室等公共部分。通过对住房的紧凑安排以及对公共部分设置宽敞空间的设计，我们期待设计出与看护小孩子不同的、用于照顾老年人的房间。老人们可以从房间中走出来，并且与一同居住于此的其他老人进行交流。

▲◄ 日间照料室 ➤ 食堂

南侧的住房全部设计成位于转角的房间，从而提高居住性能

▲ 南侧住房的外观。通过在每两个房间之间设计缝隙，确保每一个处于拐角的房间具有良好的通风，形成舒适的居住环境
◀ A 户型　▶ 公共浴室

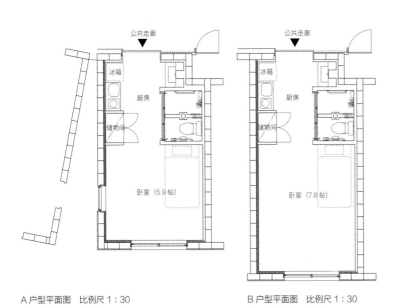

A 户型平面图　比例尺 1：30　　　　B 户型平面图　比例尺 1：30

▲ 洗手间　➤ 多功能卫生间

▲ 南侧房间室内过道。从缝隙中射进的阳光　▼B 户型

千驮谷 绿苑 HOUSE

所在地	东京涩谷区千驮谷 5-1-9			照明：SIRIUS LIGHTING OFFICE	结束	2014 年 3 月 31 日
用途	共同住宅（出售 14 户）+ 事务所（2 户）			内装：ailetech septjasmin	结构	钢筋混凝土
建筑所有者	8HOUSE	施工	建筑：山田建设	层数	地上 7 层，屋顶设备间 2 层
销售	三井不动产 REAL-T		电气：野口电机	用地面积	337.67m²
设计	建筑：青木茂建筑工房	竣工	原建：1970 年 4 月 28 日	建筑占地面积	原建：188.13m²/ 新建：188.52m²
	结构：金箱构造设计事务所		新建：2014 年 4 月 3 日	建筑面积	原建：1010.08m²/ 新建：1010.03m²
		设计开始	2012 年 11 月 28 日		
		结束	2013 年 5 月 31 日		
		监理开始	2013 年 6 月 1 日		

光第 1 楼

所在地	福冈县大野市自木原 2-9-6			机械：seed 设计社	结构	钢筋混凝土，部分钢结构
用途	共同住宅（40 户）	施工	建筑：ACE 建设	层数	地上 5 层
建筑所有者	光 building	竣工	原建：1974 年	用地面积	1417.81m²
设计	建筑：青木茂建筑工房		新建：2013 年 3 月 30 日	建筑占地面积	原建：545.40m²/ 新建：599.77m²
	结构：金箱构造设计事务所	设计开始	2011 年 11 月 1 日	建筑面积	原建：2210.02m²/ 新建：2376.66m²
		结束	2012 年 7 月 31 日		
		监理开始	2012 年 8 月 28 日		
		结束	2013 年 4 月 16 日		

Kosha Heim 千岁鸟山

所在地	东京世田谷区南鸟山 6-12-8			机械：岛津设计	监理开始	2013 年 3 月 29 日
用途	共同住宅（32 户）		电气：EOSplus	结束	2014 年 1 月 31 日
建筑所有者	东京住宅供给协会	施工	建筑：目时工务店	结构	承重墙混凝土结构，部分钢结构
设计	建筑：（监修）青木茂建筑工房		机械：SUN 空调	层数	地上 4 层
	（统括）东京都住宅供给协会		电气：谷合电机	用地面积	1498.01m²
	（意匠）mejirostudio	竣工	原建：1957 年 10 月 26 日	建筑占地面积	原建：324.06m²/ 新建：457.24m²
	结构：轻石实一级建筑师事务所		新建：2014 年 2 月 20 日	建筑面积	原建：1108.64m²/ 新建：1208.82m²
		设计开始	2011 年 6 月 24 日		
		结束	2012 年 8 月 24 日		

S 公寓

所在地	东京			新建：2014 年 4 月 30 日	用地面积	2081.97m²
用途	共同住宅（43 户）	设计开始	2012 年 7 月	建筑占地面积	885.08m²
设计	建筑：青木茂建筑工房	结束	2013 年 2 月	建筑面积	6244.51m²
竣工	原建：1969 年 3 月 25 日	监理开始	2013 年 5 月		
		结束	2014 年 4 月		
		结构	钢筋混凝土		
		层数	地上 7 层　屋顶设备间 2 层		

佐藤大楼

所在地	宫城县仙台市青十区花京院 2-1-35			结构：金箱构造设计事务所	结束	2015 年 10 月（预计）
用途	共同住宅（原有：29 户 新作：24 户）	施工	建筑：铁建建设	结构	钢筋混凝土，部分钢结构
建筑所有者	佐藤明美	竣工	原建：1969 年 10 月 31 日	层数	地上 5 层
设计	建筑：青木茂建筑工房		新建：2015 年 11 月（预计）	用地面积	481.88m²
		设计开始	2013 年 8 月 6 日	建筑占地面积	原建：250.26m²/ 新建：266.74m²
		结束	2014 年 10 月 2 日	建筑面积	原建：1001.61m²/ 新建：1018.80m²
		监理开始	2015 年 3 月		

山崎文荣堂本店

所在地	东京涩谷区涩谷 4-5-5
用途	事务所、住宅
建筑所有者	山崎经营计划研究会
设计	建筑：青木茂建筑工房

	结构：木下洋介构造设计室
	机械：C.E.F 设计
	电气：L Plan
竣工	原建：1964 年 8 月 8 日
	新建：2015 年 2 月（预计）
设计开始	2014 年 10 月 1 日
结束	2015 年 6 月 30 日（预计）

监理开始	2015 年 7 月 1 日（预计）
结束	2016 年 1 月 31 日（预计）
结构	钢筋混凝土
层数	地上 4 层
用地面积	147.52m²
建筑占地面积	102.621m²
建筑面积	原建：417.155m²

北九州市立户畑图书馆
（旧户畑区政府）

所在地	福冈县北九州市户畑区新池 1-1-1
用途	图书馆
建筑所有者	北九州市
设计	建筑：青木茂建筑工房
	结构：金箱构造设计事务所
	机械 / 电气：TOHO 设备设计

施工	照明：Sirius Lighting office
	建筑：鸿池 / 九铁特定建设工程合作企业
	给排水：土居工业
	空调：九仓建工
	电气：恒成电机
竣工	原建：1933 年
	新建：2014 年 2 月 20 日
设计开始	2011 年 9 月 14 日
结束	2012 年 6 月 30 日

监理开始	2012 年 12 月 26 日
结束	2014 年 2 月 20 日
结构	钢筋混凝土
层数	地下 1 层、地上 3 层、屋顶设备间 3 层
用地面积	4773.43m²
建筑占地面积	原建：1150.64m²/ 新建：1076.76m²
建筑面积	原建：2889.66m²/ 新建：2889.66m²

三宜楼

所在地	福冈县北九州市门司港清龙 3-6
用途	饮食店
建筑所有者	北九州市
设计	建筑：青木茂建筑工房
	结构：首藤工务店（川崎建筑结构设计事务所）
	机械：C.E.F
	电气：L plans

施工	机械（监理）：北都设备计划
	电气（监理）：北九州设计
	建筑：首藤工务店
	机械：Japan total service
	电气：丰正电气
竣工	原建：1931 年
	新建：2014 年 3 月 15 日
设计开始	2011 年 9 月 21 日
结束	2012 年 3 月 15 日
监理开始	2012 年 7 月 18 日

结束	2014 年 3 月 15 日
结构	木结构
层数	地上 3 层
用地面积	764.32m²
建筑占地面积	原建：366.55m²/ 新建：302.16m²
建筑面积	原建：1202.89m²/ 新建：1014.48m²

涩谷商业楼

所在地	东京涩谷区 1-15-1
用途	店铺（商铺 / 饮食店）
建筑所有者	三德商事
设计	建筑：青木茂建筑工房
	构造：构造计画 PLUS ONE
	机械：yamada machinery office

	电气：Eos plus
施工	建筑：ITIKEN 东京分社
	设备：杉山管工设备
竣工	原建：1972 年 8 月 24 日
	新建：2012 年 3 月 21 日
设计开始	2011 年 3 月 29 日
结束	2011 年 9 月 15 日
监理开始	2011 年 9 月 15 日
结束	2012 年 3 月 31 日

结构	钢结构
层数	地上 3 层
用地面积	243.28m²
建筑占地面积	220.00m²
建筑面积	原建：824.43m²/ 新建：858.00m²

高野胃肠科医院

所在地	福冈县福冈市东区筥松 2-24-11
用途	带病床的诊疗所
建筑所有者	惠寿会
设计	建筑：青木茂建筑工房
	结构：金箱构造设计事务所
	机械：C.E.F 设计

	电气：L plans
施工	建筑：北洋建设
	机械：ORIENT 空调
	电气：中京电气
竣工	原建：1968 年 1 月
	新建：2014 年 2 月 27 日
设计开始	2012 年 12 月 20 日
结束	2013 年 8 月 15 日
监理开始	2013 年 8 月 16 日

结束	2014 年 2 月 27 日
结构	钢筋混凝土，部分钢结构
层数	地上 3 层
用地面积	617.18m²
建筑占地面积	原建：384.46m²/ 新建：370.29m²
建筑面积	原建：1027.36m²/ 新建：999.09m²

佐贺地方法院 / 佐贺家庭诉讼法院

所在地	佐贺县佐贺市中之小路 3-22	
用途	地法：主楼 / 家法：办公楼	
建筑所有者	日本国土交通省九州地方整备局	
设计	建筑：青木茂建筑工房	
	结构：金箱构造设计事务所	
	机械 / 电气：ST 设计	
	预算：asunaro 预算事务所	

施工	1 期工程：日本国土开发	
	2 期工程：金子建设	
	3 期工程：质检	
竣工	原建：1965 年	
	新建：2013 年 7 月 22 日	
设计开始	2010 年 2 月 11 日	
结束	2012 年 3 月 30 日	
监理开始	2010 年 11 月 16 日	
结束	2013 年 3 月 29 日	
结构	钢筋混凝土	
层数	地上 3 层	

用地面积	8649.83m²
占地面积	原建：地方仲裁 1593.50m²/ 家庭仲裁 800.70m²/ 过渡走廊 108.00m²
	新建：地方仲裁 1593.50m²/ 家庭仲裁 800.12m²/ 过渡走廊 122.40m²
建筑面积	原建：地方仲裁 4011.99m²/ 家庭仲裁 1895.82m²/ 过渡走廊 108.00m²
	新建：地方仲裁 4008.79m²/ 家庭仲裁 1895.82m²/ 过渡走廊 122.40m²

丰桥工商会议所大楼本馆、新馆

所在地	爱知县丰桥市市花田町字石塚	
用途	本馆：会馆（包括会议室的办公室）	
	新馆：事务所	
建筑所有者	丰桥工商会议所	
设计	建筑：青木茂建筑工房	
	结构：金箱构造设计事务所	
	机械：昂设计	
	电气：合同设备设计	
施工	建筑：丰桥建设工业	

机械：中部技术 severis	
电气：丰立电设	
竣工	原建：1967 年（本馆）、1993 年（新馆）
	新建：2014 年 3 月 31 日
设计开始	2012 年 11 月 16 日
结束	2013 年 9 月 6 日
监理开始	2013 年 9 月 6 日
结束	2014 年 3 月 31 日
结构	本馆：钢筋混凝土，部分钢结构
	新馆：钢结构
层数	本馆：地上 7 层 地下 1 层
	新馆：地上 9 层 地下 1 层

用地面积	1919.81m²
占地面积	原建：本馆（抗震改修 + 内外装改修）497.73m²
	新馆（内装改修）409.886m²
	新建：本馆（抗震改修 + 内外装改修）497.73m²
	新馆（内装改修）409.886m²
建筑面积	原建：本馆 2955.954m²/ 新馆 4221.231m²
	新建：本馆 2955.954m²/ 新馆 4221.231m²

MINATO 银行芦屋站前支行

所在地	兵库县神户市市船户町 5-1
用途	银行店铺
建筑所有者	MINATO 银行
设计	建筑：青木茂建筑工房
	结构：九州 C&C 事务所
	机械：伊丹 DAIKIN 空调

电气：三和电气土木工程	
施工	建筑：高松建设
	给排水：伊丹 DAIKIN 空调
	空调：伊丹 DAIKIN 空调
	电气：三和电气土木工程
竣工	原建：1973 年 12 月 1 日
	新建：2014 年 9 月 28 日
设计开始	2013 年 9 月 30 日
结束	2014 年 2 月 21 日

监理开始	2014 年 2 月 22 日
结束	2014 年 9 月 28 日
结构	钢筋混凝土，部分钢结构
层数	地上 2 层 塔楼 1 层
用地面积	391.81m²
建筑占地面积	297.00m²
建筑面积	611.45m²

FUJITRANS 公司新总部

所在地	爱知县名古屋港区入船 1-7-41
用途	事务所（本社）
建筑所有者	FUJITRANS CORPORATION
设计	建筑：青木茂建筑工房
	结构：金箱构造设计事务所

机械 / 电气：TOHO 设备设计	
电气：三和电气土木工程	
施工	建筑：清水建设
施工监理	中部都市建筑设计事务所
竣工	2012 年 12 月 21 日
设计开始	2010 年 9 月 16 日
结束	2011 年 10 月 15 日
监理开始	2011 年 10 月 16 日

结束	2012 年 12 月 21 日
结构	钢结构（抗震结构）
用地面积	1373.47m²
建筑占地面积	929.84m²
建筑面积	5947.75m²

JA 福冈市本店大楼扩建

所在地	福冈县福冈市中央区天神 4-9-1	
用途	事务所	
建筑所有者	福冈市农业协同组合	
设计	建筑：青木茂建筑工房	
	结构：首都大学东京本部	

施工	建筑：铁建建设九州支店	
	机械／电气：九电工	
竣工	原建：1968 年 1 月	
	新建：2013 年 4 月 19 日	
设计开始	2012 年 4 月 16 日	
结束	2012 年 11 月 1 日	
监理开始	2012 年 10 月 15 日	
结束	2013 年 4 月 15 日	

结构	钢结构
层数	地上 3 层
用地面积	1785.25m²
建筑占地面积	原建部分：798.90m²／扩建部分：456.80m²
建筑面积	原建部分：3796.87m²／扩建部分：1220.65m²

D.SIDE

所在地	福冈县福冈市中央区大名 1-14-29
用途	店铺（商铺、饮食店）
建筑所有者	ASCOT
设计	建筑：青木茂建筑工房
	结构：钢筋混凝土

	机械／电气：seed 设计社
施工	建筑：铁建建设九州支店
	机械：古屋工业所
	电气：电究社
竣工	2014 年 1 月 22 日
设计开始	2010 年 1 月 5 日
结束	2011 年 6 月 16 日
监理开始	2013 年 5 月 1 日

结束	2014 年 1 月 22 日
结构	钢筋混凝土
层数	地上 4 层
用地面积	372.36m²
建筑占地面积	291.52m²
建筑面积	839.24m²

DBC（Daimyo Beauty Complex）

所在地	福冈县福冈市中央区大名 1-14-25
用途	店铺（商铺、饮食店）
建筑所有者	ASCOT
设计	建筑：青木茂建筑工房
	结构：九州 C&C 事务所

	机械／电气：MK 设备设计
施工	建筑：九州建设
竣工	2010 年 3 月
设计开始	2008 年 2 月 7 日
结束	2008 年 8 月 22 日
监理开始	2008 年 9 月 1 日
结束	2010 年 2 月 26 日
结构	钢筋混凝土

层数	地上 5 层
用地面积	226.16m²
建筑占地面积	177.38m²
建筑面积	800.33m²

松崎幼儿园讲堂

所在地	山口县防府市天神 2 丁目 5-22
用途	幼儿园
建筑所有者	松崎幼儿园
设计	建筑：青木茂建筑工房
	结构：金箱构造设计事务所

	机械／电气：RISE 设计室
施工	建筑：中村建设
	机械：新光设备
	电气：中电工
竣工	2014 年 3 月 31 日
设计开始	2013 年 8 月 1 日
结束	2013 年 10 月 15 日
监理开始	2013 年 11 月 16 日

结束	2014 年 3 月 31 日
结构	钢结构
层数	地上 1 层
用地面积	3428.08m²
建筑占地面积	330.48m²
建筑面积	296.41m²

LAZOLE 早良南（高龄者住宅）

所在地	福冈县福冈市早良区重留 2-5-1
用途	日间照料 + 共同住宅（37 户）
建筑所有者	梅野水泥工业
设计	建筑：青木茂建筑工房
	结构：首都大学东京本部

	机械／电气：seed 设计社
施工	建筑：Nakano Fudo 建设
	机械：菱热
	电气：藤荣电气工事
竣工	2011 年 4 月 28 日
设计开始	2009 年 7 月 15 日
结束	2010 年 8 月 12 日
监理开始	2010 年 8 月 13 日

结束	2011 年 4 月 28 日
结构	加固型混凝土砖结构
层数	地上 2 层
用地面积	2319.67m²
建筑占地面积	1076.34m²
建筑面积	1816.75m²

© Satou Nobutaka

青木茂　简介

Shigeru Aoki

Biography

1948 Born in Oita, Oita Prefecture, Japan

1977 Established AOKI Architectural Design Office

1985 Changed corporate name to SHIGERU AOKI Architect & Associates

(Senior registered architect office)

1990 Established Fukuoka Office

1990 Incorporated SHIGERU AOKI Architect & Associates Inc.

2005 Established Tokyo Office

Teaching and Professorship

Professor at Tokyo Metropolitan University

Guest professor at Dalian University of Technology

Ph.D in Engineering (the University of Tokyo)

Main Bibliography

2001 "Refine Architecture - all works of Shigeru Aoki"

2006 "Invisible Earthquake Disaster"(co-authored)

2009 "Reviving Buildings - The Architecture of Regeneration"

2010 "Towards Refine Architecture –The Approved Method to Follow the

Building Standard Law in Refine Architecture"

2011 "Refining Housing Complexes"

Main Awards

1999, 2010 Good Design Special Awards

2000 The Japan Institute of Architects Built Environment Awards

2001 The Prize of Architectural Institute of Japan Specific Contributions

Division

2001 The 10th BELCA Awards

2002 Ecobuild Awards

2005, 2008, 2010 Good Design Awards

2005,2006 The 20th Cityscape Award of Fukuoka

2009 Chiba City Architectural Awards

2010 Hyogo Prefectural Governor Awards

2010 JFMA Awards

2012,2013,2015 The Japan Building Disaster Prevention Association

Awards

2015 The Kyushu Prize for Architecture

2015 BCS Award

1948 年，出生于大分县。

任首都大学东京本部特聘教授、青木茂建筑工房董事长、大连理工大学客座教授、博士（工学）、一级注册建筑师。

著作有，《改造设计的核心》《REFINING CITY × MONGOLIA》《公共建筑的未来》《为居住的人的建筑改造》《REFINING CITY × SMART CITY》《面向长寿命建筑》《改造团地》等。

所获奖项有，日本建筑学会奖、实业奖（2001）、BELCA 奖（2001）、JIA 环境建筑奖（2000）、Ecobuild 奖（2002）、Good Design 特别奖（1999、2010）GREEN GOOD DESIGN AWARD（2009）、福冈市懂事景观奖连续授奖（2005、2006）、千叶市优秀建筑奖（2009）、兵库县知事奖（2010）、JFMA 奖（2010）、日本建筑防灾协会抗震改造贡献者理事会奖（2012）、日本建筑防灾协会抗震改造优秀建筑奖（2013、2015）建筑九州奖（2015）、BCS 奖（2015）等。

关于事务所的未来

对于工作室类型的事务所怎样在后世延续，实在是很迷惑。

设计能力强的事务所，拥有压倒性的带头人，但也只能限于一代人。

另一方面，现在以姓氏冠名的大规模的组织型事务所，过去都是工作室型的事务所。于是我注意到在日本实际上有许多很好的先例。

而且，我的事务所开创出的建筑改造的手法，需要的不只是设计，还要有技术与专业技巧以及经验。为了将这个手法继续发展下去而对后辈进行培养，不也是一个重要的社会责任吗？

现在一直协助我的是东京事务所所长奥村成一，他曾经由福冈大学毕业后进入近畿大学的小川研究室继续深造，自进入我的公司至今，已经迎来了第15个年头；2011年，进入我作为特聘教授的首都大学东京本部，攻读角田研究室的博士课程，为了取得博士学位日夜奋斗。在业务方面特别是改造的工法上面，奥村成一全面协助我的工作，那确确实实是对公司的贡献。特别是在我长久以来的心愿——对出租型公寓进行改造以实现再次出售的"千驮谷绿苑HOUSE"这一项目中，对我给予了极大的支持。

福冈事务所所长秋田彻，从都立大学（现首都大学东京本部）毕业后，加入到我的事务所，经营实际业务的同时，在第二年的春天同样进入角田研究室学习博士课程。他从本书前言中提到的"田川后藤寺樱花园"项目开始，在JA福冈市本店大楼扩建工程、高野胃肠科医院、MINATO银行芦屋站前分行等一系列边使用边施工的项目中担当负责人，站在解决施工方法技术及使用者问题的第一线。

我期待我们历经近30年开发出的建筑改造的技术，能够通过他们二位向新一代传授；而且，他们也一定会教导出像他们一样的人才。

追逐梦想，让梦想变为现实！
追逐梦想，丰富现实！

青木茂

奥村　成一
1976年生于福冈县，一级注册建筑师、CASBEE建筑评价员、灾后建筑物危险程度判定员。2000年由近畿大学研究生毕业，2000年进入青木茂建筑工房。现为青木茂建筑工房经理、东京事务所所长、首都大学东京大学院博士在读、日本建筑学会建筑计划委员会各部构法小委员会委员。

秋田彻
1976年生于东京，一级注册建筑师。2002年东京都立大学大学院工学研究科建筑专业研究生毕业，2002年进入青木茂建筑工房。现为青木茂建筑工房经理，福冈事务所所长。

摄影

千驮谷 绿苑 HOUSE
上田宏
青木茂建筑工房（023 右 / 026 右 / 027 左下 / 028 上 / 031 上）

光第 1 楼
是本信高
青木茂建筑工房（042 左）

Kosha Heim 千岁鸟山
掘田贞雄
青木茂建筑工房（049 上 / 050 右 3 幅 / 062 左上）

S 公寓
上田宏
青木茂建筑工房（066 左 / 068 上 / 070 / 071 左上、下、左 / 072 上 / 073 左 2 幅）

佐藤大楼
青木茂建筑工房

山崎文荣堂本店
青木茂建筑工房（079 右上）
业主提供

北九州市立户畑图书馆
上田宏
是本信高（088–089 / 092 上 3 幅 / 094 上、下 / 096 下 / 103 左 3 幅 / 104 下 / 107 下 2 幅 / 111）
青木茂建筑工房（086–087 / 092 上 3 幅 / 107 中、下）

三宜楼
青木茂建筑工房
北九州市提供（112 右上 / 114–115 / 124 左下 / 135）
都市建筑编辑研究所（112 左下）

涩谷商业楼
上田宏
青木茂建筑工房（137 左 / 139 左 2 幅 / 143 左下）

医疗法人 高野胃肠科医院
上田宏
青木茂建筑工房（147 左下 / 149 右上 / 152 上 4 幅 / 155 右下）

佐贺地方法院 / 佐贺家庭诉讼法院
青木茂建筑工房

丰桥工商会议所大楼本馆、新馆
上田宏
浅田美浩（166 下中 /168 右上 / 169 上）
都市建筑编集研究所（170 右下 /171 左下 2 幅）

MINATO 银行芦屋站前分所
青木茂建筑工房

FUJITRANS CORPORATION 新总部
上田宏

JA 福冈市本店大楼扩建
上田宏

D.SIDE ／ DBC
上田宏
青木茂建筑工房（204）

松崎幼儿园讲堂
青木茂建筑工房
业主提供（213 下）

LAZOLE 早良南
业主提供